最有梗的科學法則

加賀君與他的科學定律

小夥伴

マンガでたのしむ！科学の法則

圖文 上谷夫婦（うえたに夫婦）　**監修** 橫川淳　**譯** 李佳霖　**審訂** 鄭志鵬

科學定律是什麼？

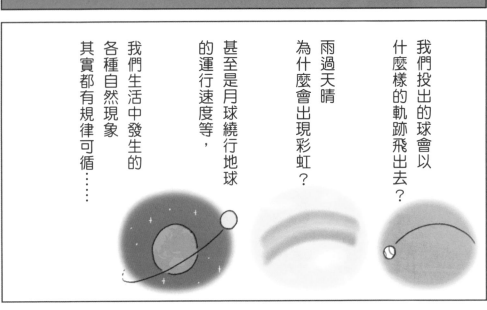

我們投出的球會以
什麼樣的軌跡飛出去？

雨過天晴
為什麼會出現彩虹？

甚至是月球繞行地球
的運行速度等，

我們生活中發生的
各種自然現象
其實都有規律可循……

科學家稱這些自然規律
為「**科學定律**」※

科學家為了更加了解生活中的各種現象，
透過大量的觀察及實驗，
逐漸發現及歸納出各種科學定律。

※ 又稱物理定律或科學法則

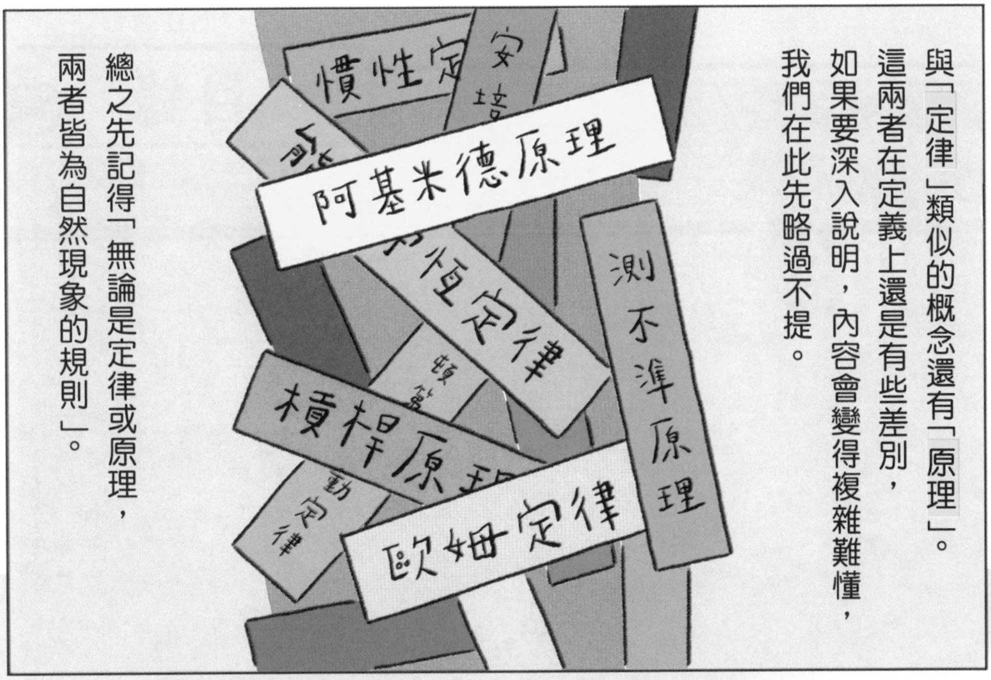
與「定律」類似的概念還有「原理」。
這兩者在定義上還是有些差別，
如果要深入說明，內容會變得複雜難懂，
我們在此先略過不提。
總之先記得「無論是定律或原理，
兩者皆為自然現象的規則」。
阿基米德原理
測不準原理
槓桿原理
歐姆定律

而這本書的故事就是
和一位熟知這些科學定律
及原理的大叔有關……
科學玩具店牛牛頓頓
超好玩！
科學玩具店
牛牛頓頓
烤雞肉串
1串 30元
嘎啦

CONTENTS

目錄

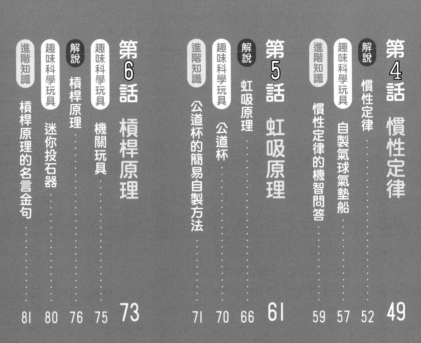

悠閒商店街地圖

蕎麥麵店
樂樂庵
飲料酒鋪
國里
麵包店
得意麵包
蔬果行
精華
乾洗店
白淨館
悠閒公園
咖啡店
波利波利
定食店
先隆
中式料理店
檜木
魚鋪
魚坂
米店
歐尼屋
肉鋪
煮區
藥局
元氣滿滿藥局
科學玩具店
牛牛頓頓
腳踏車店
快速腳踏車

Episode 1

第1話

功的定律

這裡是悠閒商店街的街尾
科學玩具店牛牛頓頓
超好玩！
科學玩具店
牛牛頓頓
煮區肉鋪
1串 30元
嘎啦
嘎啦
嘎啦
嘎啦
好～開始營業。
10:00
～
18:00
加賀楠樹（43歲）
科學玩具店的老闆。原本在大學從事研究工作。

元素週期表
CLOSE
這家店販售各種科學玩具和商品，像是科學實驗套組、ＤＩＹ電子套件、模型和實驗器材等。
店裡除了從廠商進貨的現成商品外，客人也能在工作室，體驗ＤＩＹ手作玩具的樂趣。
雖然已經開張一個月，但生意一直沒有起色。
唔……要是今天業績也掛零，該怎麼辦才好。
嘎啦
嘎啦
嘎啦
早啊。生意如何？
芒婆婆（68歲）
這棟房子的房東，同時也是商店街家喻戶曉的人物。
對錢斤斤計較又愛管閒事。

看起來完全沒有客人上門嘛，這個月的房租付得出來嗎？
你的頭還是這麼大呀．
情況真的蠻慘的，房租可能要麻煩您寬限一段時間……
你想得美！
你呀，有沒有好好跟附近店家打好關係啊？
還沒。只有剛搬來時打過一次招呼。
這樣可不行。
店家互相介紹客人，也是增加客源的方式！
啊，原來如此。
不過話說回來，你賣的那些科學玩具，現在的人真的對這些東西有興趣嗎？
我覺得很有趣呀。
嗯哼～反正只要收得到房租，你要賣啥，我是沒意見。
先走了，改天再來。

唔嗯～這可該怎麼辦才好～
不過房東太太到底是來幹嘛……
算了，還是來設計新玩具吧♪♪♪
轟轟轟
是、是隕石啊！
啊啊！
咦？
掉下來了！
快逃啊！
隕石？
喀噠！
喀噠！
喀噠！

碎咚咚咚
哇啊！
……
吵鬧
好大！
吵鬧
……
喂喂……不是吧！
吵鬧
吵鬧
隕……
隕石？
探出頭
喀啦
嚇死了
好危險……
烤雞肉串

喔！
這還真的是
隕石啊！
咻嗚嗚嗚~
咔嚓
咔嚓
吵鬧
吵鬧
吵鬧
吵鬧
哇~

吵鬧
吵鬧
吵鬧
吵鬧
喔～可以吸住磁鐵！那是隕石沒錯了。
啊～什麼？
喂～你們看
竊竊私語
那不是新開的玩具店老闆嗎？
竊竊私語
他在幹嘛……
外觀看起來像是鐵隕石，這大小應該有三百公斤吧？
喧鬧
嘈雜
喂，你啊！
不要擋在那邊看熱鬧啊。
米店老闆
這石頭太擋路了，我們要搬走它。
雖是這麼說，但這石頭根本怎麼推也推不動。
就是啊～真傷腦筋。
原來如此
咦？

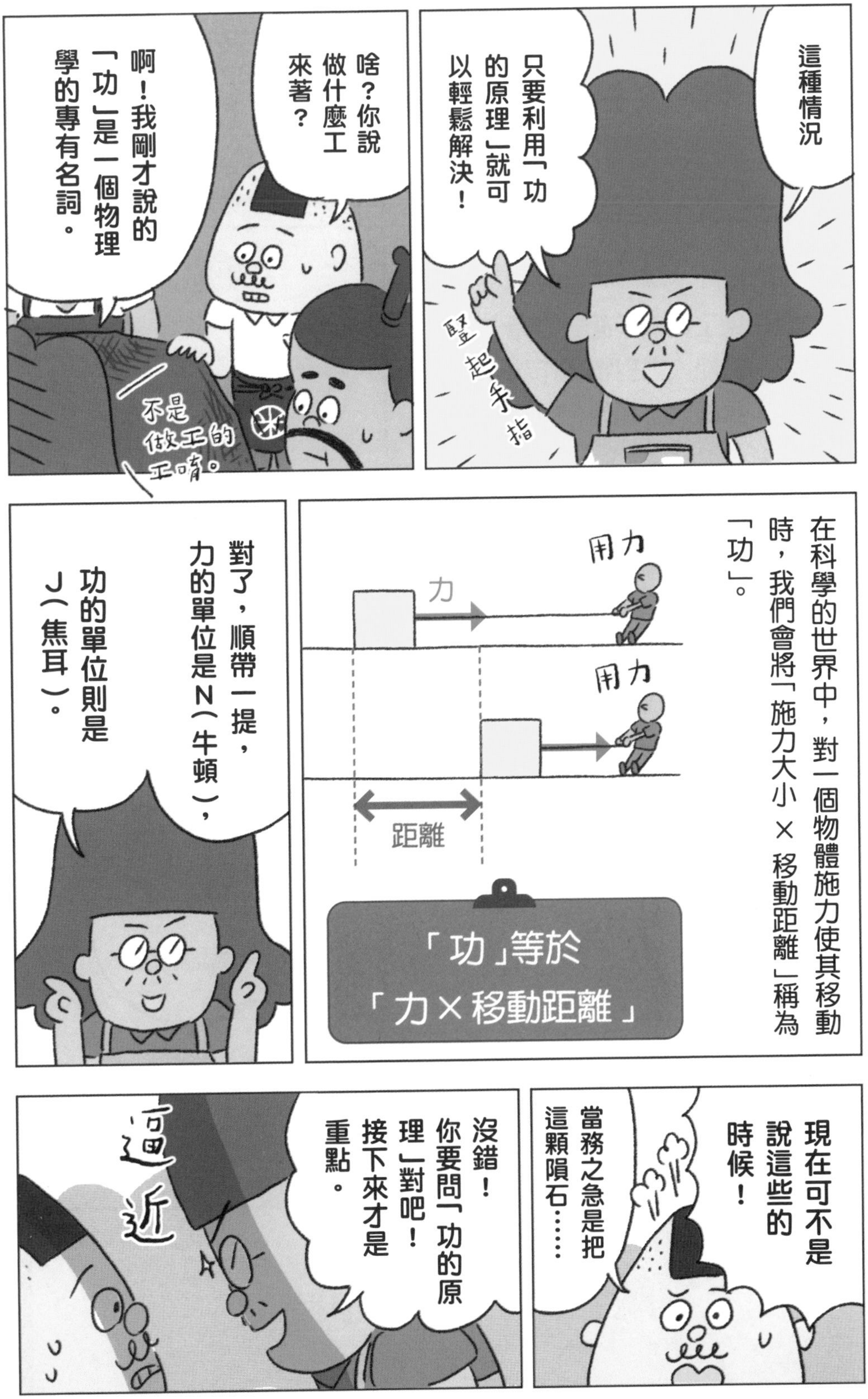
這種情況
只要利用「功的原理」就可以輕鬆解決！
豎起手指
啥？你說做什麼工來著？
啊！我剛才說的「功」是一個物理學的專有名詞。
不是做工的工唷。
在科學的世界中，對一個物體施力使其移動時，我們會將「施力大小 × 移動距離」稱為「功」。
用力
力
用力
距離
「功」等於「力×移動距離」
對了，順帶一提，力的單位是N（牛頓），功的單位則是J（焦耳）。
現在可不是說這些的時候！
當務之急是把這顆隕石……
沒錯！你要問「功的原理」對吧！接下來才是重點。
逼近

名稱

功※的定律

※「功」的解釋請看第15頁

定義

無論是使用工具或斜面對物體作功，
還是只靠人力對物體作功，
功本身的大小都是相同的。

簡單來說

使用工具和斜面來移動物體
可以省力。
但物體必須移動更長的距離。

發現者

雖然定義「功」的是焦耳和瓦特，
但老夫也有很多發現與應用都
跟功息息相關呢！

伽利略・伽利萊
（1564－1642）

示意圖

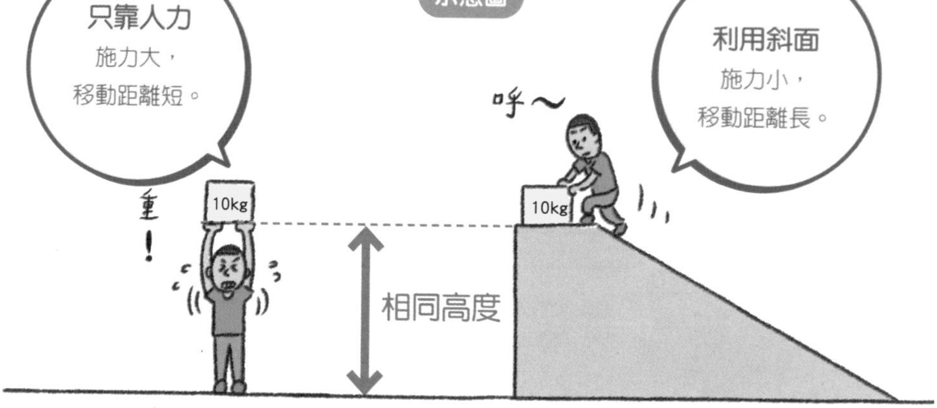

只靠人力
施力大，
移動距離短。
利用斜面
施力小，
移動距離長。
呼～
重！
10kg
10kg
相同高度

兩者所作的功相同

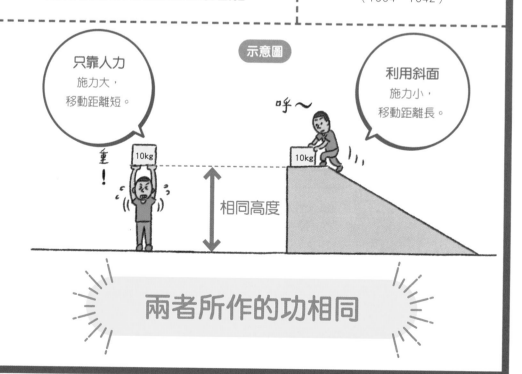

▷ 進一步說明右頁下方的「示意圖」

假設有一個需要用100N的力才可以搬起的箱子，那當我們用下列兩種方式將箱子搬到2公尺高時，兩者所作的功各是多少？（如果不考慮斜面跟箱子之間的摩擦力）

只靠人力搬起箱子　　**將箱子推上一個夾角30度的斜坡**

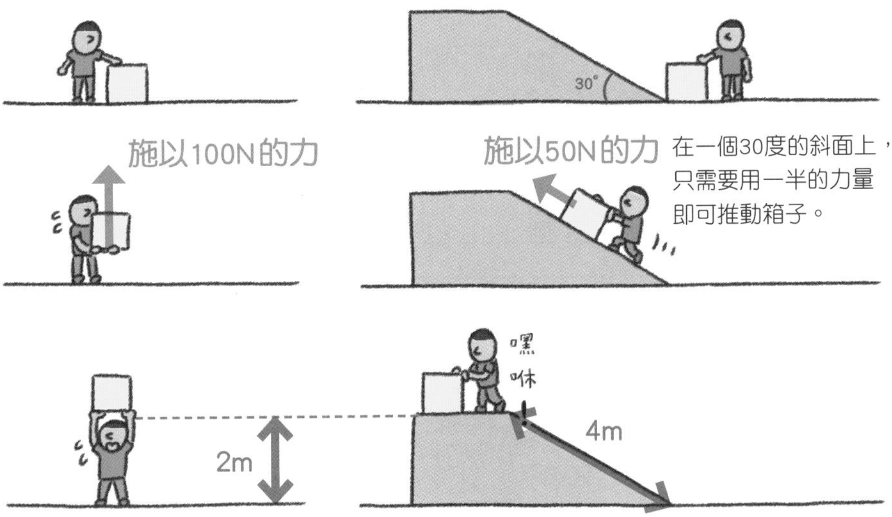
30°
施以100N的力
施以50N的力
在一個30度的斜面上，
只需要用一半的力量
即可推動箱子。
嘿
咻
4m
2m

100N×2m　　50N×4m

=200J　　=200J

兩者最終所作的功是相同的！

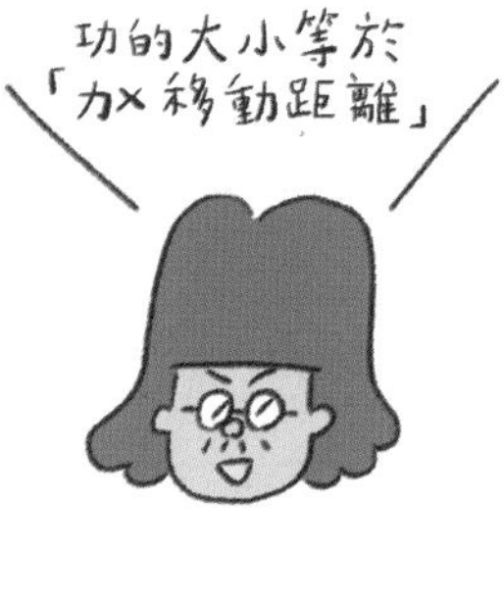
功的大小等於
「力×移動距離」

▷ 可以省力的方法**不光只有運用斜面。**

以下都是可以省力的方法，但相對的，物體需要移動的距離也比較長。

槓桿

以棍子的一點當作支點，在距離支點較遠的一端施力時，就可以用較小的力量抬起較重的物體。

滑輪

滑輪是一種可以旋轉的圓輪。如果使用圖中的滑輪，只要施以物體重量一半的力就可以拉起物體。這項原理也應用在吊車上。

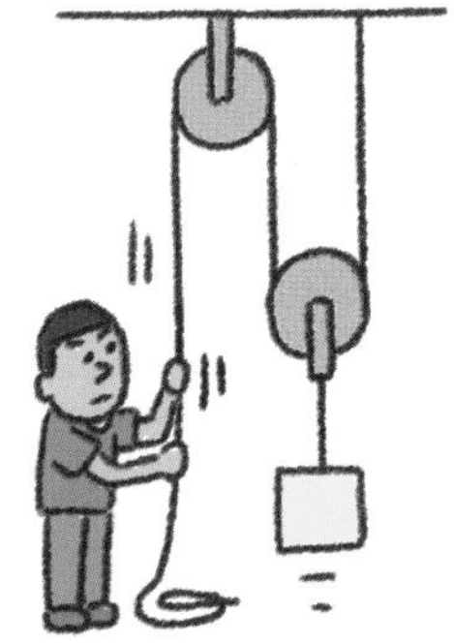

知道了知道了。總之只要用那什麼功的原理，就能搬動這隕石對吧？
真的假的？
正是如此！
具體來說是用……
翻找翻找
這個！利用滑輪來搬動。
這個！
你居然隨身攜帶這種東西。
等我一下，馬上回來。
咻～
咚！咚！
嗡嗡嗡嗡嗡
咣！咣！
還真是幹勁十足
他拿了一堆東西過來了。
丟丟
唰！
哐啷哐啷

好了！大功告成。
我在這裡裝了五個滑輪。
如此一來，不用費力就抬起隕石來了※。
只是，雖然省力，但就要拉動比較長的距離了。
別說了，趕快動手吧。

※詳細說明請看第23頁

歐尼屋
吵鬧
那我要拉囉！
吵鬧
吵鬧
吵鬧
真的行嗎？
我看很難吧。
用力用力
喔喔！
哇！
真的抬起來了！
太驚人了！
好厲害～

我看……不如先移到我的店旁邊的空地吧？
好喔……。
議論紛紛
吵鬧吵鬧
滑動滑動
咚！
超好玩！
科學玩
牛牛頓
那就先放這裡了。
啪
啪
啪
喔喔喔
咔嚓
咔嚓
啪
啪
太厲害了
啪
啪
啪
這就是功的原理。
得意洋洋
這些科學原理和定律，在生活中可是大有用處。
議論紛紛
靈光一閃

沒錯！「沒有什麼問題是科學定律解決不了的！」大家有任何煩惱都可以找這家科學玩具店商量喔。
出現
房東太太，您在說什麼呀？
啊，是芒婆婆！
既然芒婆婆都開口了。
是啊
嗯嗯
好了，事情就這麼定了。有客人因此上門的話，生意也會變好，房租也有著落對吧。
竊竊私語
議論紛紛
真的什麼都能解決？
只是噱頭吧
用科學定律解決問題……好像也不是不行。再沒客人上門確實不太妙。
吵吵
嚷嚷
議論紛紛
科學玩具店老闆要用科學定律幫大家解決問題？

第1話 完

進階知識

Rank Up Information

認識滑輪的種類

1 ◆ 滑輪大致可分為兩種。

定滑輪
定滑輪固定不動，功用是改變施力的方向。

動滑輪
動滑輪是可上下移動的滑輪。動滑輪可以省力，但相對的，需要拉動的繩索距離也會變長。

2 ◆ 動滑輪的數目決定施力大小及拉動距離。

舉例：有2個動滑輪時

▽

相當於有4根繩索支撐著物體。

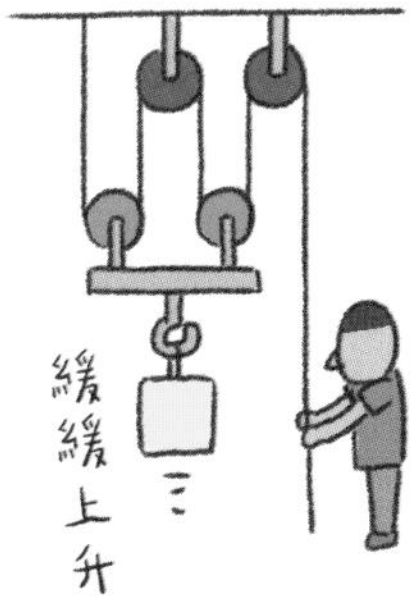

因此，只需要用四分之一物體重量的力，就可以拉起物體。但相對的，所拉動的繩索長度也會變成4倍。
例如：要將物體拉高10公分，則必須拉動40公分的繩索。

補充說明

關於第20頁拉起隕石場景的解說

玩具店長加賀估計這塊隕石有300公斤重。他推想如果隕石重量可以縮減到原本的十分之一（30公斤），應該就能拉得起來，所以裝了5個動滑輪。5個動滑輪就相當於有10根繩索支撐著隕石，如此一來只需要十分之一的力就能拉動。

加賀的店名和髮型，很明顯是受到艾薩克·牛頓的影響。

Episode 2

第2話

作用力與反作用力定律

當天傍晚，這塊隕石就被專業機構運走了。

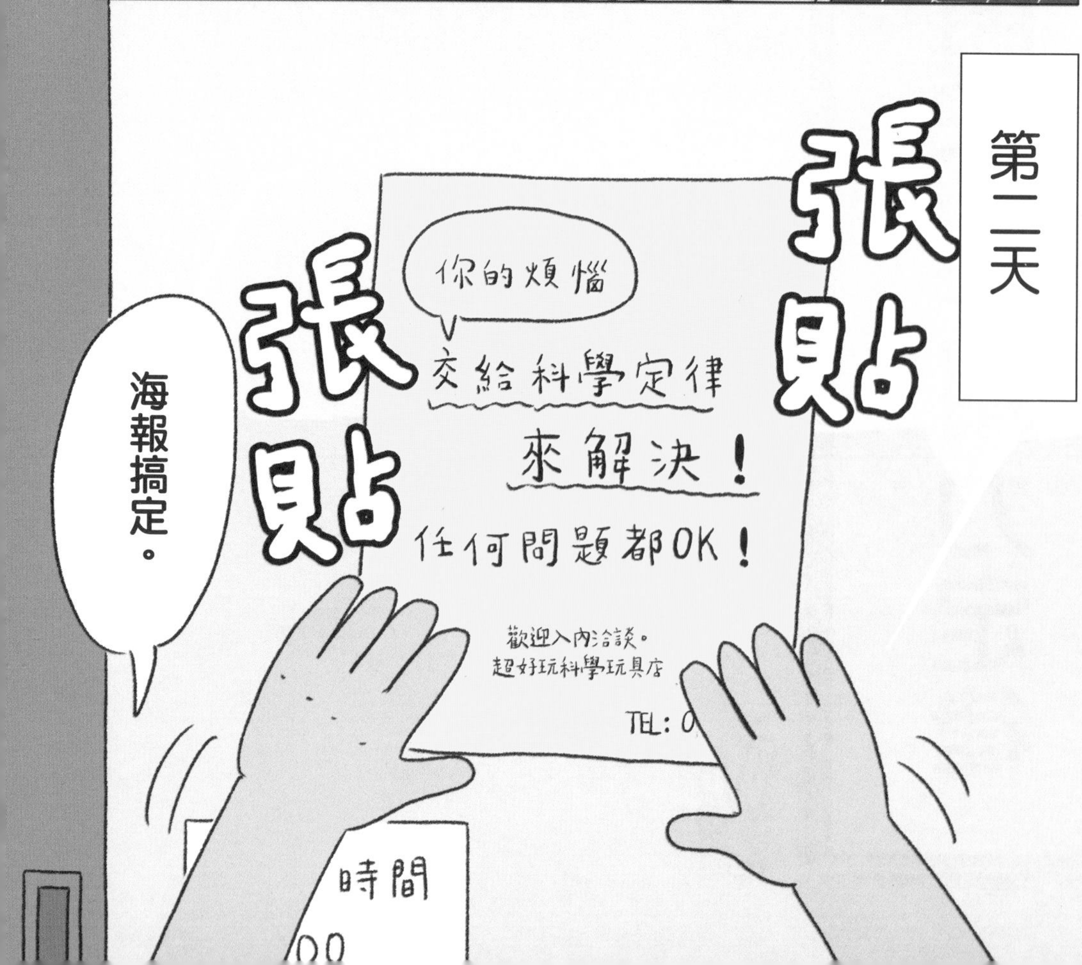
第二天
張貼
張貼
你的煩惱
交給科學定律
來解決！
任何問題都OK！
歡迎入內洽談。
超好玩科學玩具店
TEL：0
海報搞定。
時間

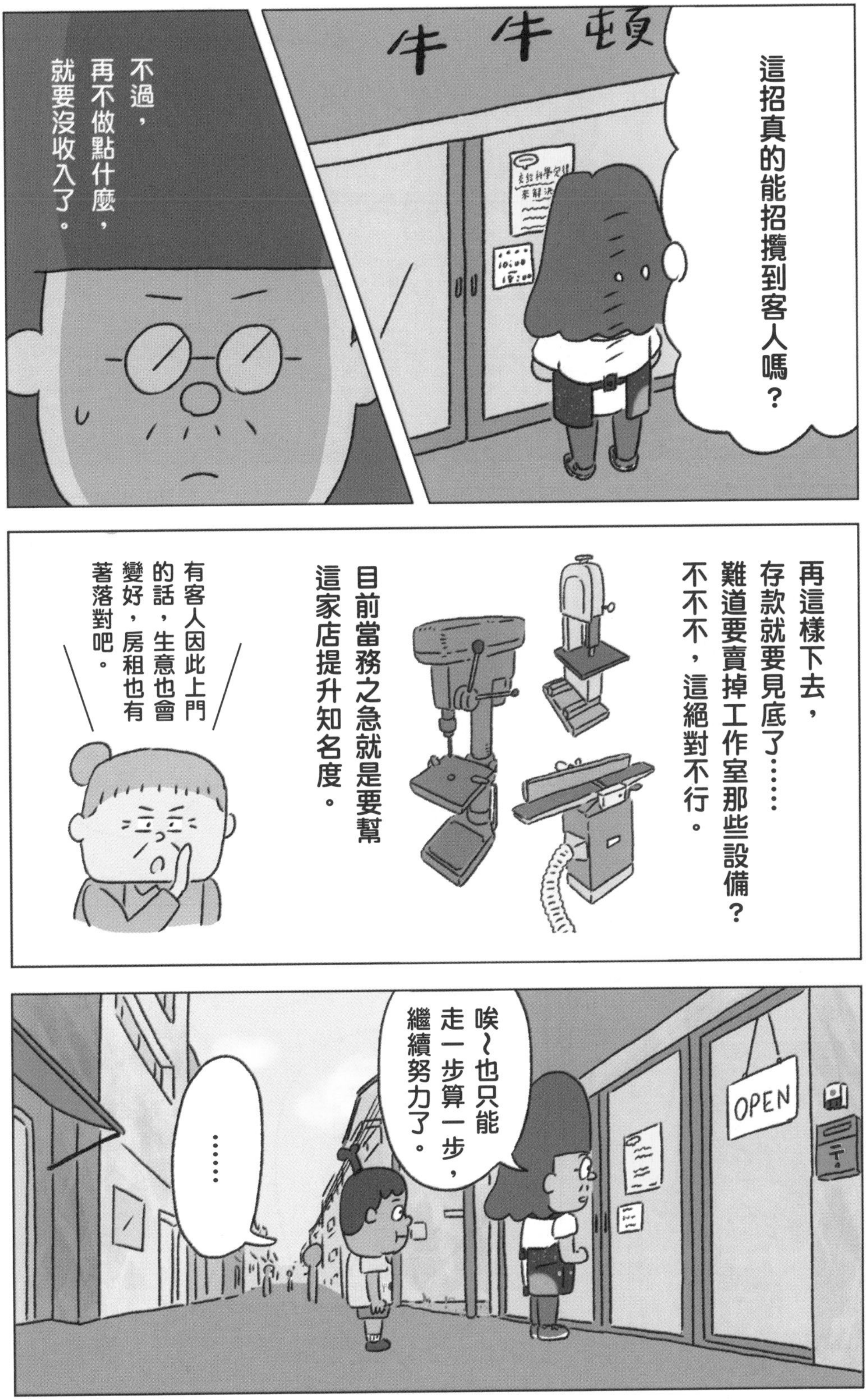
這招真的能招攬到客人嗎？
不過，再不做點什麼，就要沒收入了。
再這樣下去，存款就要見底了……
難道要賣掉工作室那些設備？
不不不，這絕對不行。
目前當務之急就是要幫這家店提升知名度。
有客人因此上門的話，生意也會變好，房租也有著落對吧。
唉~也只能走一步算一步，繼續努力了。
……
OPEN

OPEN
吶～
哇！嚇我一跳。
我站在這裡很久了耶。
啊，你是隔壁肉鋪的……你的名字是那個……
我叫未唯人。
煮區 未唯人（10歲）
商店街肉鋪家的兒子。最喜歡吃漢堡排。
啊，未唯人小朋友。找我有事？
那個……你說什麼問題都能解決是真的嗎？
牛牛頓頓
嗯，算是吧。

你有什麼煩惱嗎？
其實我不太會游泳。
偏偏明天學校又有游泳課了……
靈光一閃
原來如此！
這個煩惱只要用「作用力與反作用力定律」就能解決！
說明一下！只要談到科學的話題，加賀的個性就會一百八十度大轉變喔！
又稱「牛頓第三運動定律」！
豎起手指
嚇到

名稱 作用力與反作用力定律

定義

當A物體施力(作用)於B物體時，
B物體也會同時施力(反作用)
於A物體上。

簡單來說

當你用力推一個東西時，
它就會以同樣的力量反推回來。

發現者

我還發現了很多
其他的定律喔。

艾薩克・牛頓
(1642—1727)

示意圖

我們推牆壁時

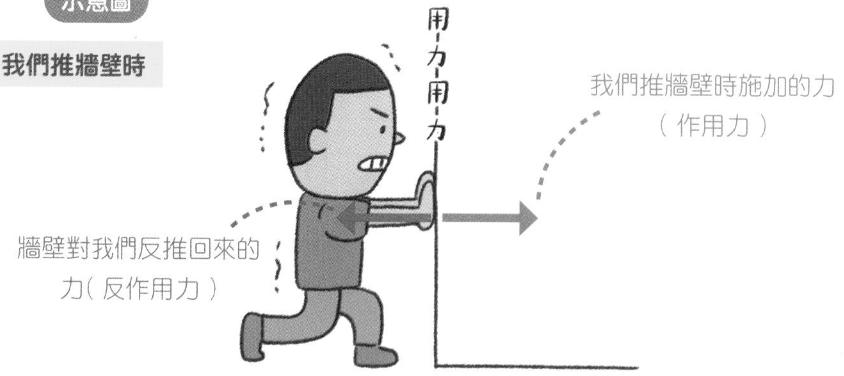
用力用力
我們推牆壁時施加的力
(作用力)
牆壁對我們反推回來的
力(反作用力)

上圖中兩道力(作用力與反作用力)的
大小相等、方向相反，作用在同一直線上。

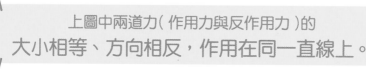

▷ 作用力與反作用力定律的示範

兩人分別站
在推車上，當右
邊的人出力推左邊
的人時……

▽

咚
推的人也會
被同樣的力道反推
而向右移動！

▷ 作用力與反作用力定律的例子

反作用力
作用力

火箭

火箭將燃料氣體噴射推出的作用力，會為火箭施加一股反作用力來推動它。

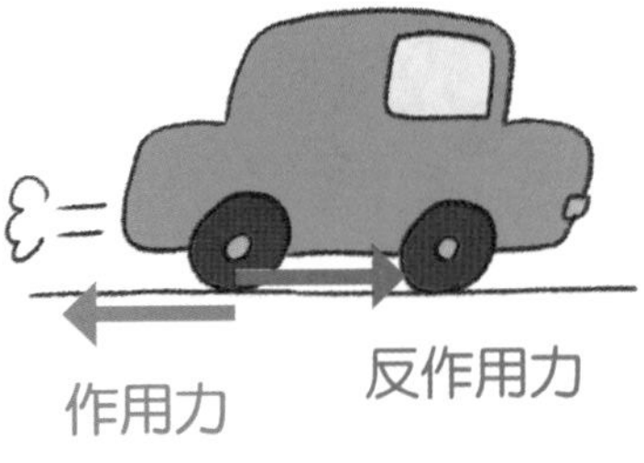
作用力
反作用力

汽車

輪胎推動地面時的力（作用力），形成一股反作用力，驅使汽車前進。

作用力
反作用力

擊球

在擊球的瞬間，球棒對球所施加的力（作用力），會同時反作用於球棒上。

以上就是作用力與反作用力定律的說明。
咦~知道這個定律就能學會游泳嗎？
可以的。總之你先進來店裡吧。
啊……好。
跟我過來
打擾了~
喔~賣滿多東西的。
事不宜遲，
你可以在這張椅子上示範一下平常游泳的動作嗎？
好~
東張
西望
唔~大概像這樣。
唰唰唰
嗯嗯，原來如此。
唰唰唰
擺動
擺動
擺動
擺動
好，首先從改變動作開始。
動作？

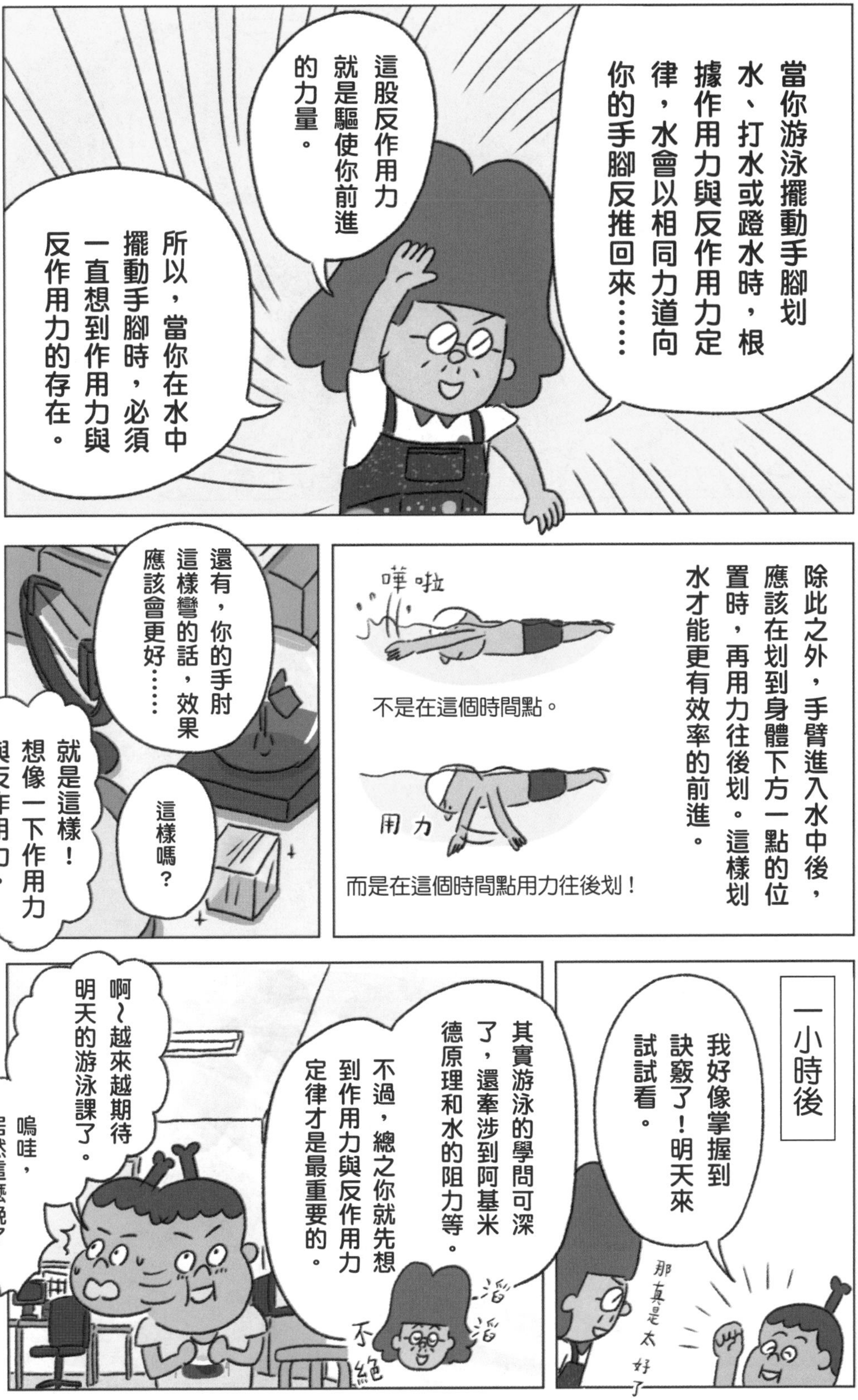
當你游泳擺動手腳划水、打水或蹬水時，根據作用力與反作用力定律，水會以相同力道向你的手腳反推回來……
這股反作用力就是驅使你前進的力量。
所以，當你在水中擺動手腳時，必須一直想到作用力與反作用力的存在。
除此之外，手臂進入水中後，應該在划到身體下方一點的位置時，再用力往後划。這樣划水才能更有效率的前進。
嘩啦
不是在這個時間點。
用力
而是在這個時間點用力往後划！
還有，你的手肘這樣彎的話，效果應該會更好……
這樣嗎？
就是這樣！想像一下作用力與反作用力。
一小時後
我好像掌握到訣竅了！明天來試試看。
那真是太好了。
其實游泳的學問可深了，還牽涉到阿基米德原理和水的阻力等。
不過，總之你就先想到作用力與反作用力定律才是最重要的。
滔滔不絕
啊～越來越期待明天的游泳課了。
嗚哇，居然這麼晚了！

拜拜～
對了，說到作用力與反作用力定律……
翻找
翻找
噠噠噠
這個！
飛超遠!!
水火箭
寶特瓶水火箭！

趣味科學玩具

寶特瓶水火箭的科學原理

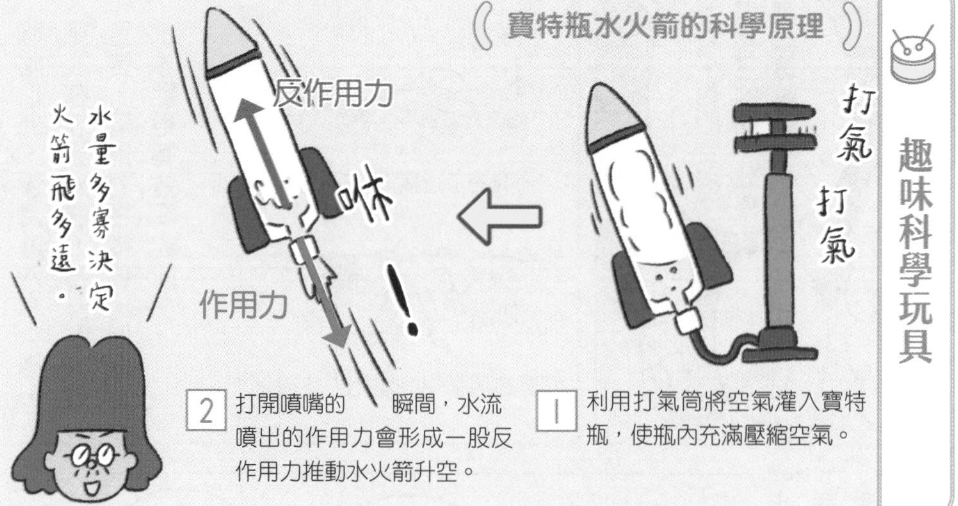
打氣
打氣
反作用力
咻
作用力
水量多寡決定火箭飛多遠。

1 利用打氣筒將空氣灌入寶特瓶，使瓶內充滿壓縮空氣。

2 打開噴嘴的瞬間，水流噴出的作用力會形成一股反作用力推動水火箭升空。

裝水後，再灌入空氣加壓，成功的話可以飛超過五十公尺呢……
咦，人呢？
……
算了，下次吧……
加賀的煩惱商量室總算是踏出第一步了。
第2話 完

進階知識

Rank Up Information

作用力與反作用力定律的機智問答

Q 請問，如果有一隻鳥在一個密閉的箱子裡，並放在秤上，鳥起飛前後，秤的數值會發生什麼變化呢？（假設鳥兒一直保持著相同高度飛行。）

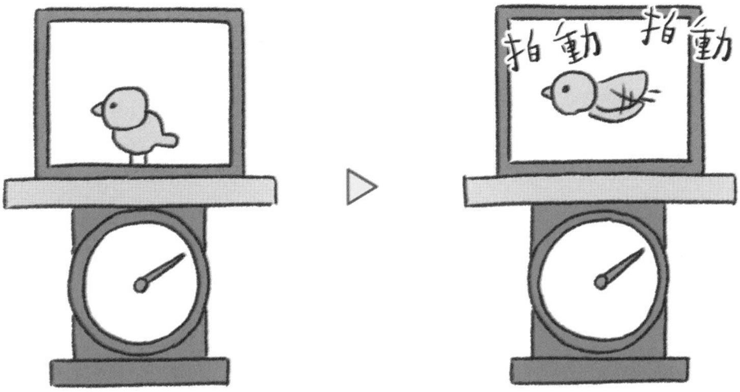
拍動 拍動

正確答案是：起飛前後的箱子重量不變！

鳥類之所以能夠飛行，是因為拍動翅膀時的作用力會形成反作用力的關係。因為小鳥拍動翅膀時，必須施以與自身重量相等的力才能飛行，此時這個力會施加在箱子上。因此，鳥兒起飛前後，天秤的數值不變！

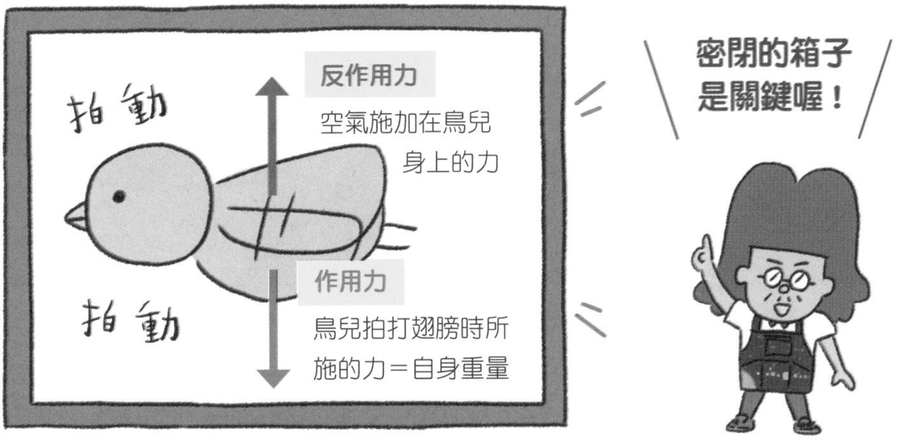
拍動
拍動
反作用力
空氣施加在鳥兒身上的力
作用力
鳥兒拍打翅膀時所施的力＝自身重量
密閉的箱子是關鍵喔！

咕咕
噥噥
自在游動——

Episode 3

第3話

查理定律

嗶
唔，這個是一八〇元。
轉不停陀螺
好。
放零錢
希望小朋友會喜歡這個玩具。
嗯嗯，一定會。
謝謝光臨
科學玩具店 牛牛頓頓
雖然很高興客人慢慢變多，
但業績還是沒有起色。
嘎啦嘎啦
老師！今天上游泳課時我比較會游了
牛排
喔，未唯人你會游了呀，真是太好了。那個？叫我老師？
因為你懂很多，就像老師一樣呀。

話說回來今天呀~
探頭
你好~我是未唯人的媽媽。
牛排
肉
店裡科學玩具的種類還真是不少呢~
煮區 太太
（43歲）
謝謝你昨天教我家兒子游泳，
住在隔壁卻一直沒來打招呼真不好意思。
這個看起來好好玩
別這麼說，您太客氣了。
你會開這樣一家店，以前學校讀的應該是理工科吧？
是說你的圍裙還真特別呢……
喔，對。我以前在大學教書。
什麼，你以前是大學老師！
喔，對呀。
但怎麼會來開這家店呢？

我在大學教書時，剛好有機會在校慶上擺攤……
雖然那時只會做一些簡單的科學小玩具，但還是擺了一個讓人玩的科學玩具攤位。想不到來玩的小朋友都既興奮又開心。
這個叫做高斯加速器，只要這樣的話……
咻
哇~
我要玩 我要玩
那時我就萌生出要透過科學玩具讓更多人體會科學樂趣的想法！
於是我就辭去大學老師的工作，開始進行各種特訓。
什麼，特訓？
對，因為我不會任何手工藝，所以先去當木工師傅，之後又各在金屬加工廠跟塑膠工廠學習3年，前後總共花了9年時間。
端詳ー
真是不得了的經歷~
是嗎？

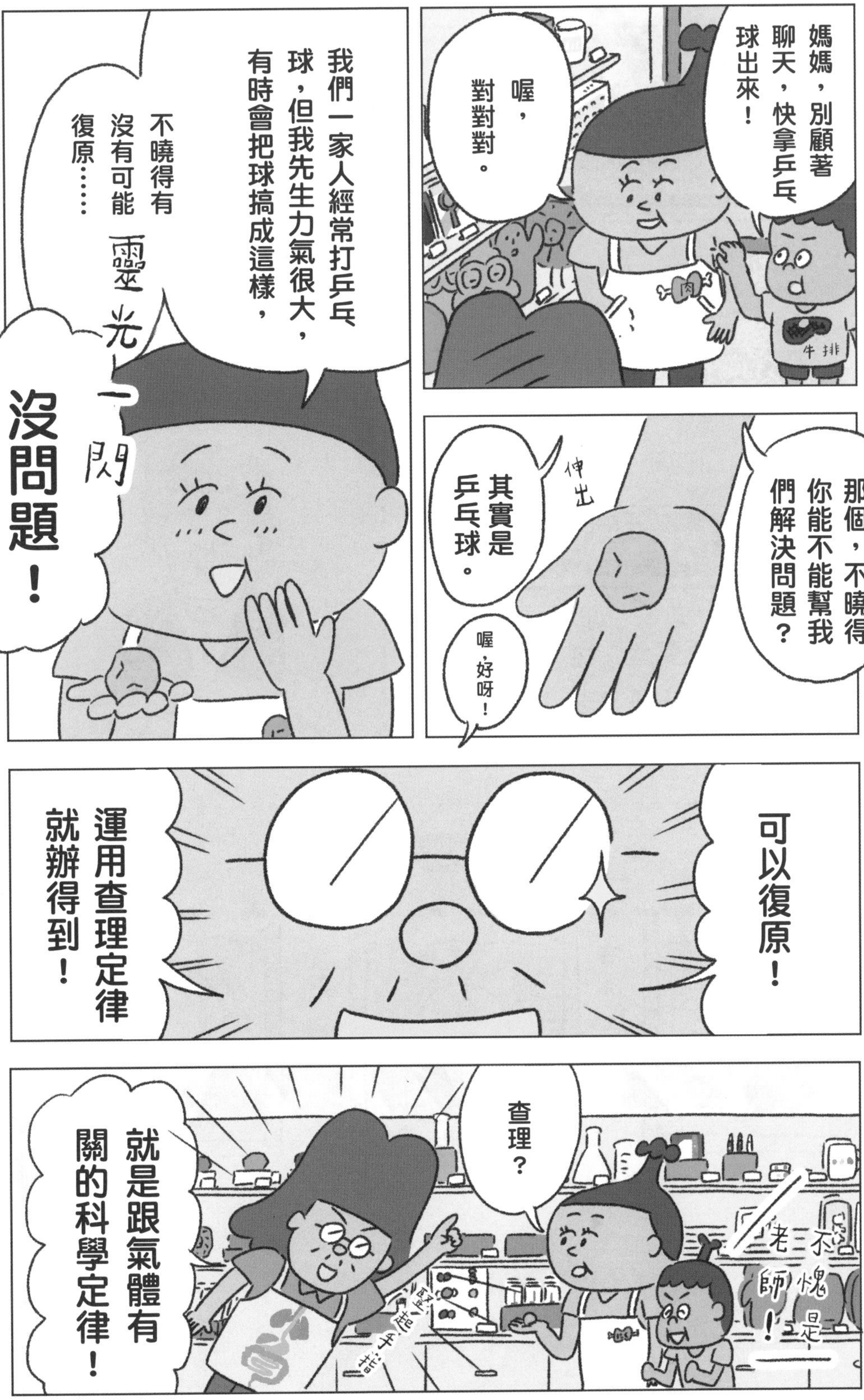
媽媽，別顧著聊天，快拿乒乓球出來！
喔，對對對。
肉
牛排
那個，不曉得你能不能幫我們解決問題？
伸出
其實是乒乓球。
喔，好呀！
我們一家人經常打乒乓球，但我先生力氣很大，有時會把球搞成這樣，
不曉得有沒有可能復原……
靈光一閃
沒問題！
可以復原！
運用查理定律就辦得到！
查理？
就是跟氣體有關的科學定律！
豎起手指
不愧是老師！

名稱

查理定律

定義

在壓力保持不變的狀態下，
氣體的體積會與絕對溫度成正比。

簡單來說

氣體的溫度產生變化時，
體積也會隨之變化。

發現者

我還利用氫氣
開發出氫氣氣球。

雅克・查理
（1746－1823）

示意圖

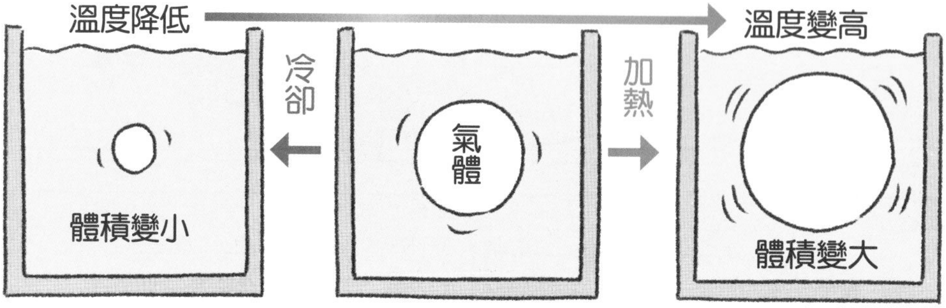
溫度降低
溫度變高
冷卻
加熱
氣體
體積變小
體積變大

**氣體的體積在溫度下降時會縮小，
但在溫度上升時會變大。**

▷ 查理定律的原理

伴隨著氣體的溫度上升，氣體粒子（正確的科學名詞稱為「分子」）的動力會增強，撞擊物體表面的頻率和力道都增加了，就更有能力把物體往外推，讓物體體積變大。

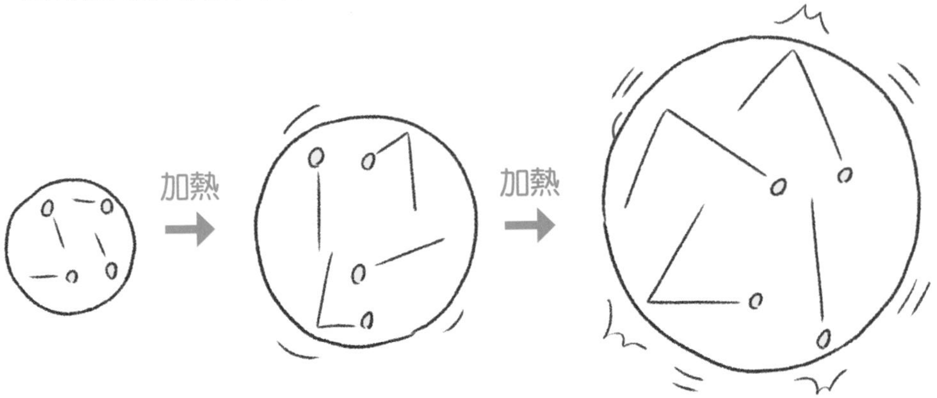

▷ 查理定律的例子

熱氣球

熱氣球內的空氣在燃燒器的加溫下會膨脹，如此一來內部空氣就會比熱氣球外的空氣輕※，因此讓熱氣球可以升空。

※精確來說應該是空氣體積變大，導致密度（相同體積下的重量）變小。

水壺的壺蓋

水壺中的水在沸騰後，蓋子就會喀達喀達響動起來，這是因為水壺內的水變成水蒸氣大幅增加了體積，原本的氣體在加熱後體積也變大，推動了蓋子所造成的現象。

還搬出查理定律來，不愧是老師，懂很多呢。
沒錯吧！
不過老師怎麼一直不出來。
開門
來，讓你們久等了。
？
這是熱水嗎？
咚
沒錯！
就像我剛才所解釋的查理定律一樣，氣體會在加熱後膨脹，所以只要把乒乓球放到熱水中……
啊，讓我來！
那我要放進去了喔～
噗通

※跟氣體的壓力與體積有關的定律

就是這個！
喝水鳥只要二二〇元！
趣味科學玩具
只要讓喝水鳥的鳥嘴沾到水杯中的水，它就會以固定頻率持續前後擺動身體。擺動原理的背後就和聯合氣體定律有關係喔。
喀噔
未唯人，你喜歡這個玩具嗎？
嗯……不喜歡。
遭受打擊
那我們就先走了。下次來店裡我會算你便宜的，有空再過來喔～
老師掰掰～
CLOSE
好……
下次再來～
這個玩具很好玩的說。
加賀終於認清解決疑難雜症跟增加業績是兩回事。
第3話 完

進階知識

Rank Up Information

查理定律與湯碗

將熱騰騰的味噌湯倒入碗中，
如果這時候桌上溼溼的……那碗就有可能自己動起來！

碗自己移動的
原因就跟查理定律
有關！

碗底與桌面之間的樣子

1 碗底下方的空氣被味噌湯加熱後會膨脹，讓碗稍微浮起來。

2 浮起來的碗跟桌面之間的摩擦力變弱（關鍵在於桌面或是碗底要溼溼的）。

3 這時如果有風吹或突如其來的力量施加於碗上，碗就會像是溜冰一樣滑動。

煮區一家的早晨
轟轟轟轟轟
好啦，綁好了。
嗯～

Episode 4

第4話

慣性定律

喀恰喀恰
啪滋啪滋
嘎啦嘎啦
科學定律老師～
喔，是未唯人呀。
只要找這個老師討論，他就會用科學定律幫你解決所有問題喔。
就是他就是他
說是解決所有問題也太誇張了。
來，請進。
你碰到什麼問題了嗎？
這其實也不太算是問題……
發芽
鬼切紺步（10歲）
米店家的小孩，也是未唯人的朋友。最喜歡的飯糰口味是美乃滋鮪魚。

我打算在班級才藝發表會上表演扯桌布，但一直無法成功……
靈光一閃
喔喔！表演扯桌布呀！
那就要用慣性定律！
也稱作牛頓第一運動定律。
什麼？ㄍㄨㄢˋ ㄒㄧㄥˋ
我好像有聽說過，是不是電車停下來時會讓人差點跌倒的定律？
你很厲害喔，沒錯！首先讓我來介紹慣性定律的基本原理！

名稱

慣性定律

定義

物體若是沒有受到外力的作用，
那麼靜止中的物體會保持靜止，
運動中的物體則將不會改變
運動的方向與速度。

簡單來說

只要不施加外力，
物體就會持續保持原有的狀態。

發現者

雖然發現慣性定律的是老夫我，
但把它彙整為定律，
並公諸於世的是牛頓喔。

伽利略・伽利萊
（1564－1642）

示意圖

靜止中的物體

動也不動

運動中的物體

不斷滾動

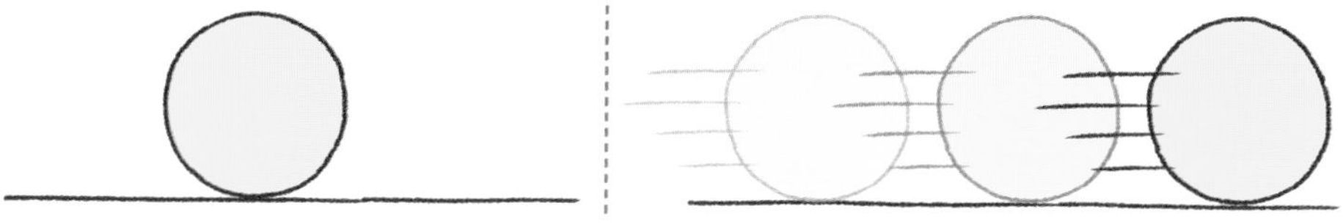

**靜止中的物體會維持靜止不動，
運動中的物體則是會持續移動。**

▷ 慣性定律與公車

①公車突然往前開動時

根據慣性定律，公車中的人會因為要持續保持靜止，結果就往後倒。

②公車緊急剎車時

根據慣性定律，公車中的人會因為要持續保持移動，結果就往前倒。

▷ 慣性定律的例子

敲不倒翁

將積木不倒翁的最下層敲出去後，上層部分會因為要保持靜止的關係，所以就保持原狀直接往下掉。

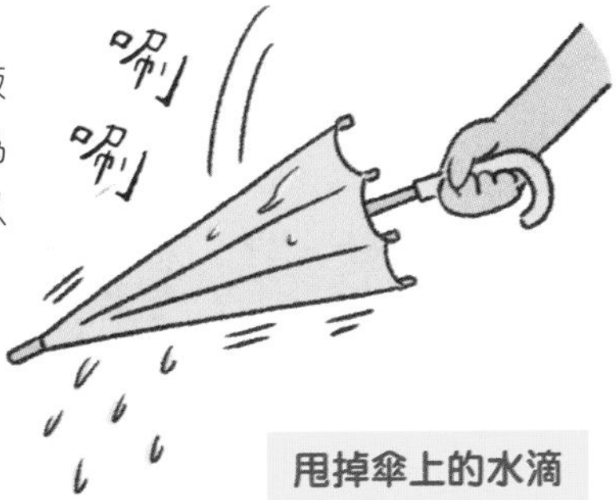

冰壺

被推出去的石壺會以被推動時的速度持續向前移動（不過實際上因為冰面的摩擦力跟空氣阻力的關係，石壺最後還是會停下來）。

甩掉傘上的水滴

甩傘時突然停下來的話，傘上的水滴會因為想要繼續保持運動而甩出去。

也就是說，靜止的物體會持續靜止下去，運動中的物體則是會持續運動下去，這就是慣性定律。
什麼？但是滾動的球不是最後都會停下來嗎？
對啊！
那是因為球跟地面之間有摩擦力，而且空氣中也有阻力。
停住
假設我們在外太空中丟球的話，因為沒有空氣阻力與摩擦力，這顆球就會永遠移動下去。
前進
對了，說到宇宙，只要將擺錘……
那個～扯桌巾的才藝表演該怎麼辦？
喔，對喔。
其實就慣性定律來看，扯桌巾一定可以成功，
只不過桌巾上的東西會因為接觸桌巾產生摩擦力，所以才會倒掉。
沒錯！桌上的東西都會被桌巾絆倒～
水質檢測
水質檢測
檢測
自製雲

所以說，關鍵就是扯桌巾的速度。速度要越快越好，而且我建議用表面光滑的桌巾。
來
另外，桌上的東西最好要有一定的重量，重心的位置越低，東西就越不容易晃動。
如果要放杯子的話，可以在杯中倒入一些水。
那我們就來練習吧！
至於扯桌巾的位置和方向呢……
這裡什麼都有呢！
30分鐘後
扯
搖搖晃晃
抓

※氣墊船：從船底傳送空氣使船身稍微浮起來後可高速行駛的船。

只要像這樣放著並且往下壓，
就能實際體驗到持續運動的慣性定律喔！
輕飄飄
前進
怎麼會這樣！

自製氣球氣墊船的原理

趣味科學玩具

從氣球中漏出的空氣能減少光碟片和桌面的摩擦力，所以可以持續移動到空氣漏光為止。

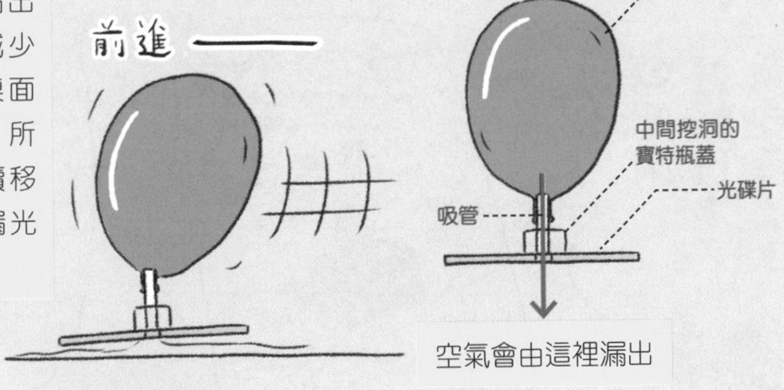
前進
氣球
中間挖洞的寶特瓶蓋
光碟片
吸管
空氣會由這裡漏出

你們要不要也來試做看看？
要～
這好好玩喔～

喀恰
喀恰
喀恰
就是這樣
接上去
接上去
吹氣
吹氣
加油
未唯人號出發～
哈哈哈
移動
移動
如果用比較大顆氣球來做，時間可以持續更久、會更好玩喔～
喔，對了，之後我會辦這個活動，想不想來參加？
科學玩具體驗營
大家一起學做機關玩具
時間7月3日
下午1點
費用100元
電話
地址
網站
看起來好好玩！我要參加！
謝謝老師，我們還會再來玩喔～
好，
再見啦～
笑容滿面
加賀覺得小朋友應該有體會到科學的樂趣，所以內心非常興奮呢！
科學玩具店
牛牛教授
煮區肉舖
拜拜
第4話 完

進階知識

Rank Up Information

慣性定律的機智問答

Q1. 請問，在等速行駛中的公車內，如果我們將球往正上方丟的話，球會落到哪裡？

前進
丟

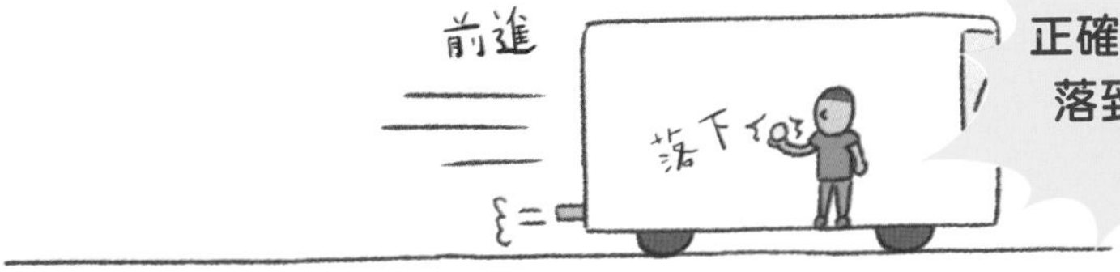
前進
落下

正確答案是……落到丟球的人手上

慣性定律不只作用在搭乘公車的人身上，也會作用在被丟出去的球上！所以被丟出去的球在掉下來時，也會跟著丟球的人一起往前移動。

Q2. 請問，如果地球停止自轉※1的話，我們會發生什麼事？

地球的自轉速度大約1674公里/小時※2

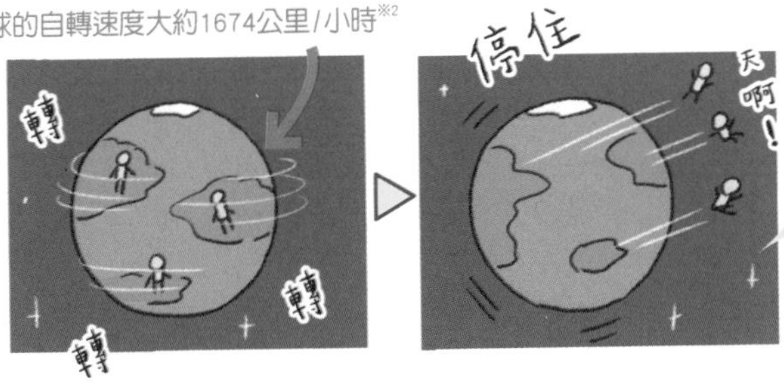
轉
轉
轉
停住
天啊!

正確答案是……我們會拋飛出地球外

因為我們一直跟著地球一起轉動，所以當地球停止轉動時，根據慣性定律的原理，人會因為持續轉動而飛出去。

就跟公車緊急煞車是一樣道理喔！

※1：地球以連接南北極的線作為軸心，每天自轉一圈。

※2：這是平均地球自轉速度。由於地球是球體，所以自轉速度會因為所在地點不同而有差異。

還滿有一套的嘛。
那老闆
什麼……
太好了～
鬼切 綱（49歲）
鬼切 梅（42歲）

我剛剛去了科學玩具店，超好玩的！

Episode 5

第5話

虹吸原理

午休中
有事
請按門鈴
咻嚕咻嚕
咻嚕咻嚕
就是這一味，
吃素麵果然就是要配茗荷呀~
啊~真好吃。
接著來泡咖啡……
叮咚
有客人？
來了！現在就過去了。
讓你久等了。
噠噠噠
老師，抱歉休息時間打擾你。吃過飯了嗎？
喔，你好。我正好剛吃完飯……

謝謝你前幾天幫我家小孩跟老婆解決問題，
休息時間還沒結束吧？怎麼樣，我請你喝飲料吧！
煮區 牛太（45歲）
肉鋪的老闆，未唯人的爸爸，興趣是鍛鍊肌肉。
肌肉發達
肌肉發達
肉
啊，謝、謝謝你。
那天過後，凹掉的乒乓球都能馬上修好，真是幫了我們大忙。
呃，就是查律……
是查理定律！
眼神發亮
對，就是那個
還有芒婆婆叫我們要多來找找你。我這樣或許有點雞婆，
不過既然我們是鄰居，碰到不懂的事都可以盡量問我喔。
要不我介紹你我常去的健身房吧？
喔，好……不過健身房就先不用。

那個，房東太太究竟是何方神聖呀？
她是這一帶擁有好幾間房子的大房東，打從我小時候開始，她就一直住在這。
哈哈，芒婆婆說的話沒有人敢不聽的。
到了。
哈囉，國里老闆。
糟糕，飲料都沒了。
喔，是煮區先生，歡迎光臨。
喂喂，
飲料都賣光了喔？
剛好有一大批學生來過，
不過店內還有冰的飲料別擔心
啊，這位是？
你的圍裙還真是特別呢
國里 極極（33歲）
酒鋪老闆，最喜歡的飲料是橘子汁。
初次見面，你好，我叫加賀。
喔~你就是傳說中的那位！
傳說中的？

我聽說之前隕石掉下來的時候，你幫了大家很大的忙。
沒錯，老師很厲害呢，還幫我家小孩解決問題。
你過獎了……
對了，煮區先生，不好意思能不能麻煩你幫我把裡面的水倒掉？
這個每次都很重……
好！抬起來就對了吧，包在我身上！
啪
靈光一閃
這個只要用虹吸原理就能輕鬆解決喔！
虹吸？
所謂的虹吸原理與其說是科學定律，其實更像是一種機制……
而且這項原理很好用，
所以一定要介紹給你們！
豎起手指

名稱

虹吸原理

定義

用內部充滿水的倒U形管※，連通兩個高度不一的水面後，位置高度比較高的水，就會自動透過倒U字形管流向位置高度比較低的水面。

※這種管子稱為「虹吸管」。

發現者

發現者不詳

簡單來說

水可以移動到比起點處水面更高的位置後再往下流。

示意圖

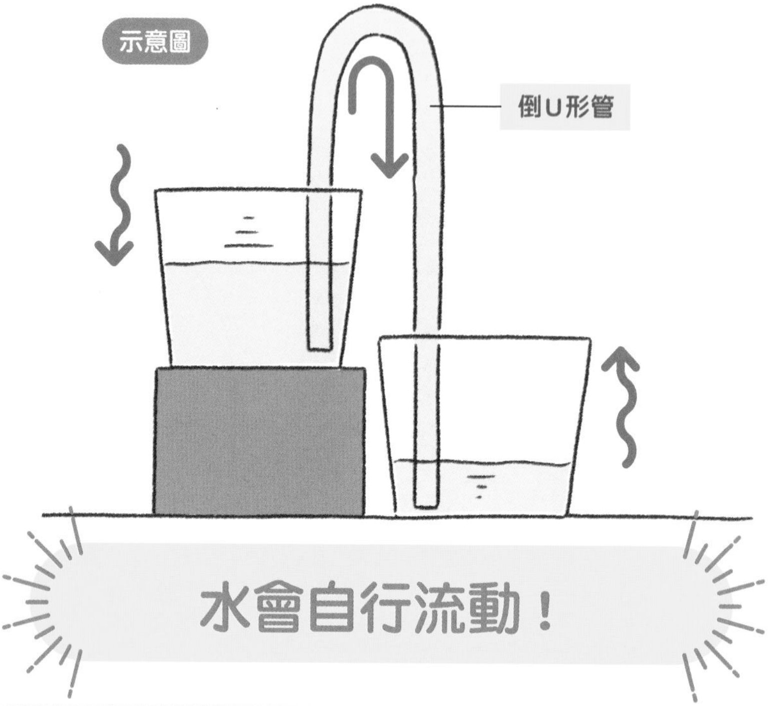

▷ 實際體驗虹吸原理

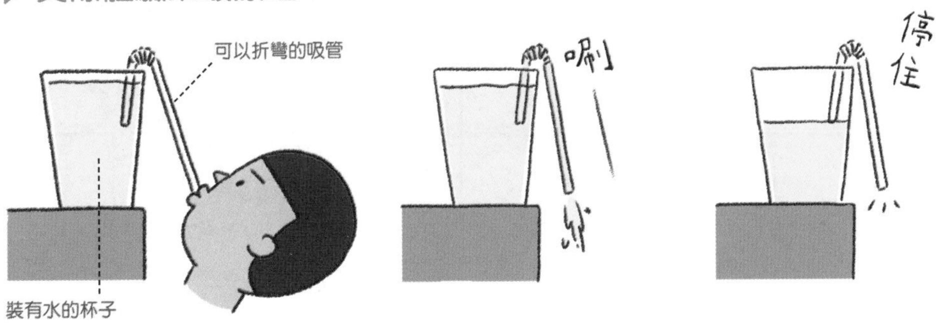
可以折彎的吸管
唰
停住
裝有水的杯子

1 如插圖所示，將吸管放入杯中，從吸管的下方吸水。

2 當吸管中充滿水後，水就會自動往下流。

3 當水面下降到吸管開口處的高度時，水就會停止流動。

▷ 虹吸原理的例子

煤油虹吸幫浦

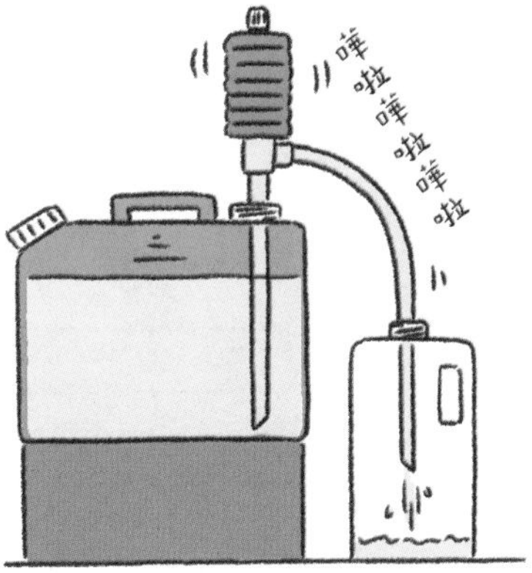
嘩啦嘩啦嘩啦

虹吸幫浦被用在將煤油移往煤油暖爐的油箱中，只要在一開始時先用手按壓幫浦將煤油吸起後，煤油就會自行持續流入油箱裡，是不是很方便！

滴滴答答

嘩啦
發電機
嘩啦

水桶跟抹布

將溼抹布掛在裝滿水的水桶邊時，抹布就會化身為虹吸管，被吸上來的水桶水也會順著抹布滴滴答答的往下流。

小型水力發電

小型水力發電是利用汙水處理廠所排出的廢水來發電，因為運用了虹吸原理，所以發電非常有效率，可靈活設計管線配置這點也是其中一項優點。

呃，所以說？
啊，抱歉，這裡有水管嗎？
有的……
來
遞
謝謝，那我們就開始做吧。
水管丟進去
撲通
咕嘟
用手指封住水管口，然後拉出來
啪唰
把水管拉到下方後……
移開手指頭
啵
唰唰唰唰唰唰唰
哇~太神奇了！

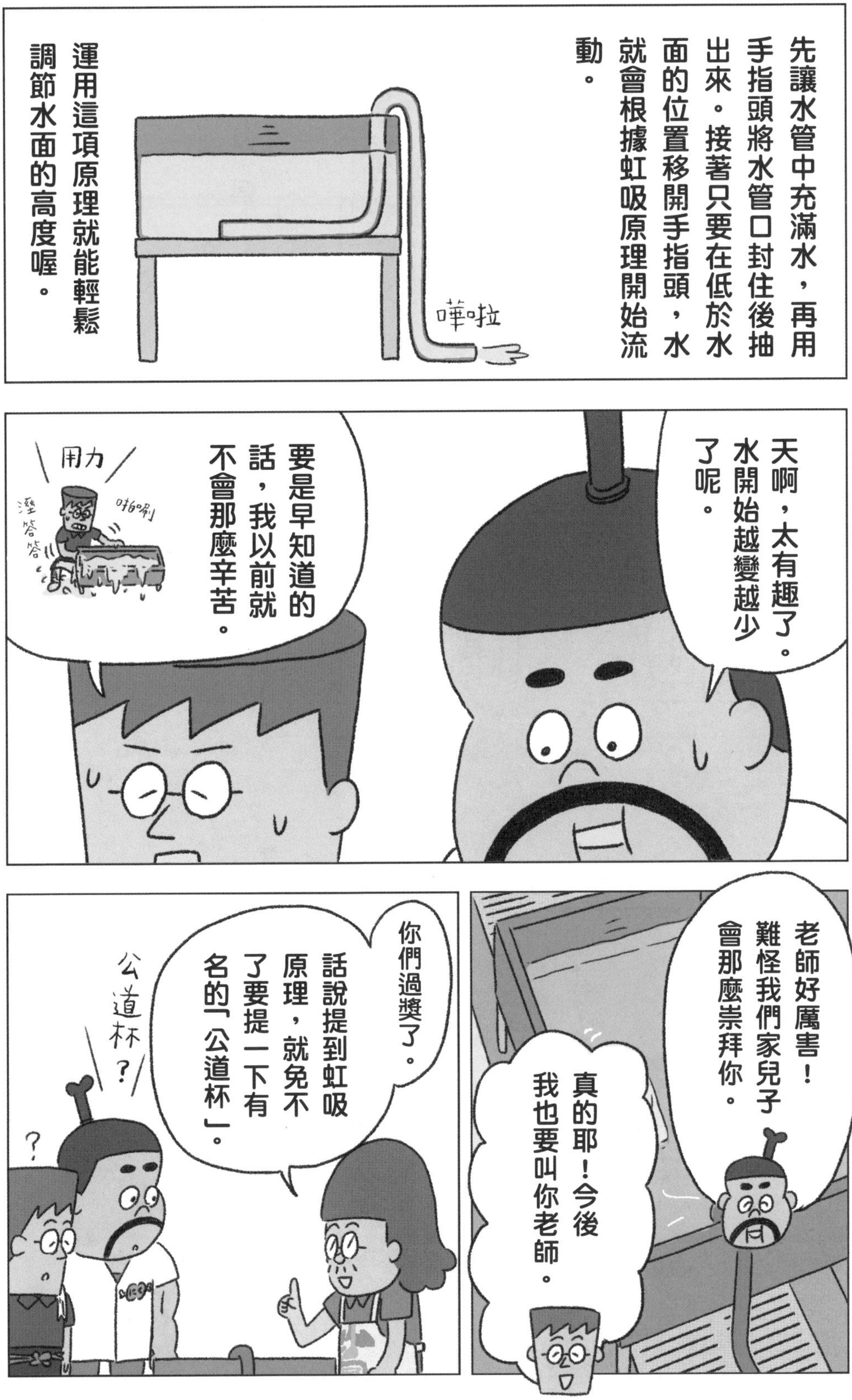
先讓水管中充滿水，再用手指頭將水管口封住後抽出來。接著只要在低於水面的位置移開手指頭，水就會根據虹吸原理開始流動。
嘩啦
運用這項原理就能輕鬆調節水面的高度喔。
天啊，太有趣了。水開始越變越少了呢。
要是早知道的話，我以前就不會那麼辛苦。
用力
啪唰
溼答答
老師好厲害！難怪我們家兒子會那麼崇拜你。
真的耶！今後我也要叫你老師。
你們過獎了。
話說提到虹吸原理，就免不了要提一下有名的「公道杯」。
公道杯？
？

※大約是茶杯的八分滿。

公道杯是沖繩縣石垣島自古流傳下來的民俗藝品，
杯中立有一個風獅爺。
把水倒的跟杯中風獅爺的臉同高※的話，水就會從杯底的洞往外流到幾乎一滴都不剩喔！
嘩啦啦
這個設計背後蘊含的道理就是，不管做什麼事都不能太貪心。

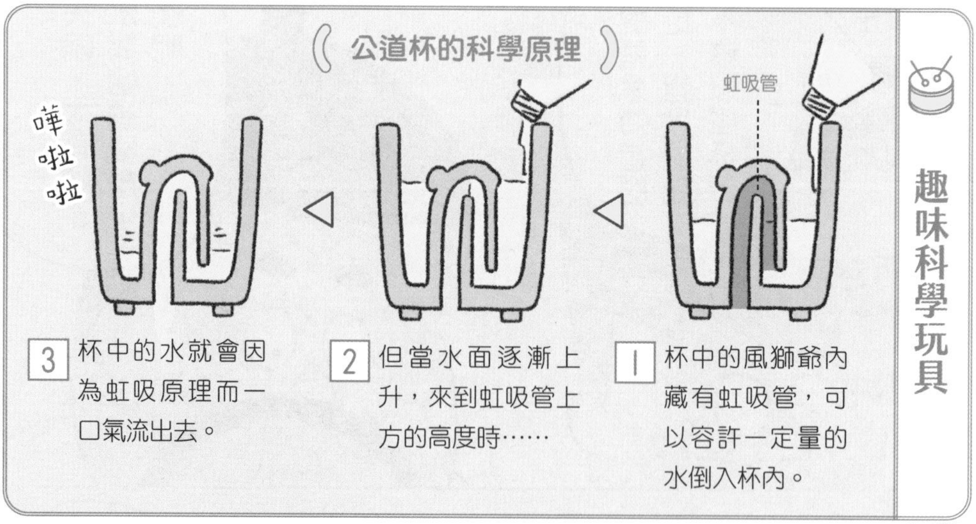
趣味科學玩具
公道杯的科學原理
虹吸管
嘩啦啦
1 杯中的風獅爺內藏有虹吸管，可以容許一定量的水倒入杯內。
2 但當水面逐漸上升，來到虹吸管上方的高度時……
3 杯中的水就會因為虹吸原理而一口氣流出去。

哎呀～我店裡頭就有……
對了！我現在就拿過來。
呃，老師……
老師只要一聊到科學話題就變成很興奮呢……
是呀，好有趣。
加賀好像逐漸開始跟商店街的人打成了一片。
你們久等了！
就是這個
第5話 完

進階知識

Rank Up Information

公道杯的簡易自製方法

加賀先前所介紹到的公道杯雖然是陶製的，但我們也能利用身邊隨手可得的材料來製作出簡單版的公道杯。

（請小朋友不要單獨操作，務必請爸媽一起陪同）

所需的材料

洗臉盆之類的
大容器
手鑽
膠帶
可以彎曲的吸管
塑膠免洗杯
水

製作方法

1 將吸管折彎後用膠帶固定。

鑽
呀
鑽

2 用手鑽在塑膠杯的杯底挖洞※。

3 將吸管比較長的一端插入開洞的塑膠杯中。

咕嘟 咕嘟 咕嘟

4 將洗臉盆放到塑膠杯下方後，再將水倒入杯中。

咕
嘟
咕
嘟

5 當杯中的水面上升到高於吸管的高度時……

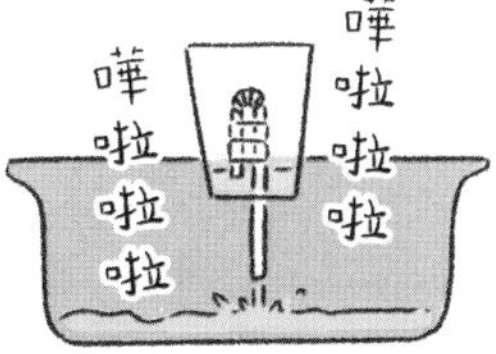
嘩
啦
啦
啦
嘩
啦
啦
啦

6 水就會一口氣從杯子底部的吸管流出去！

※洞口大小剛好能勉強讓吸管通過。

國里 凜（31歲）
國里 珠珠（0歲）
真是太好了
真是太輕鬆了～
這個方法
嘩啦啦啦啦

Episode 6

第6話

槓桿原理

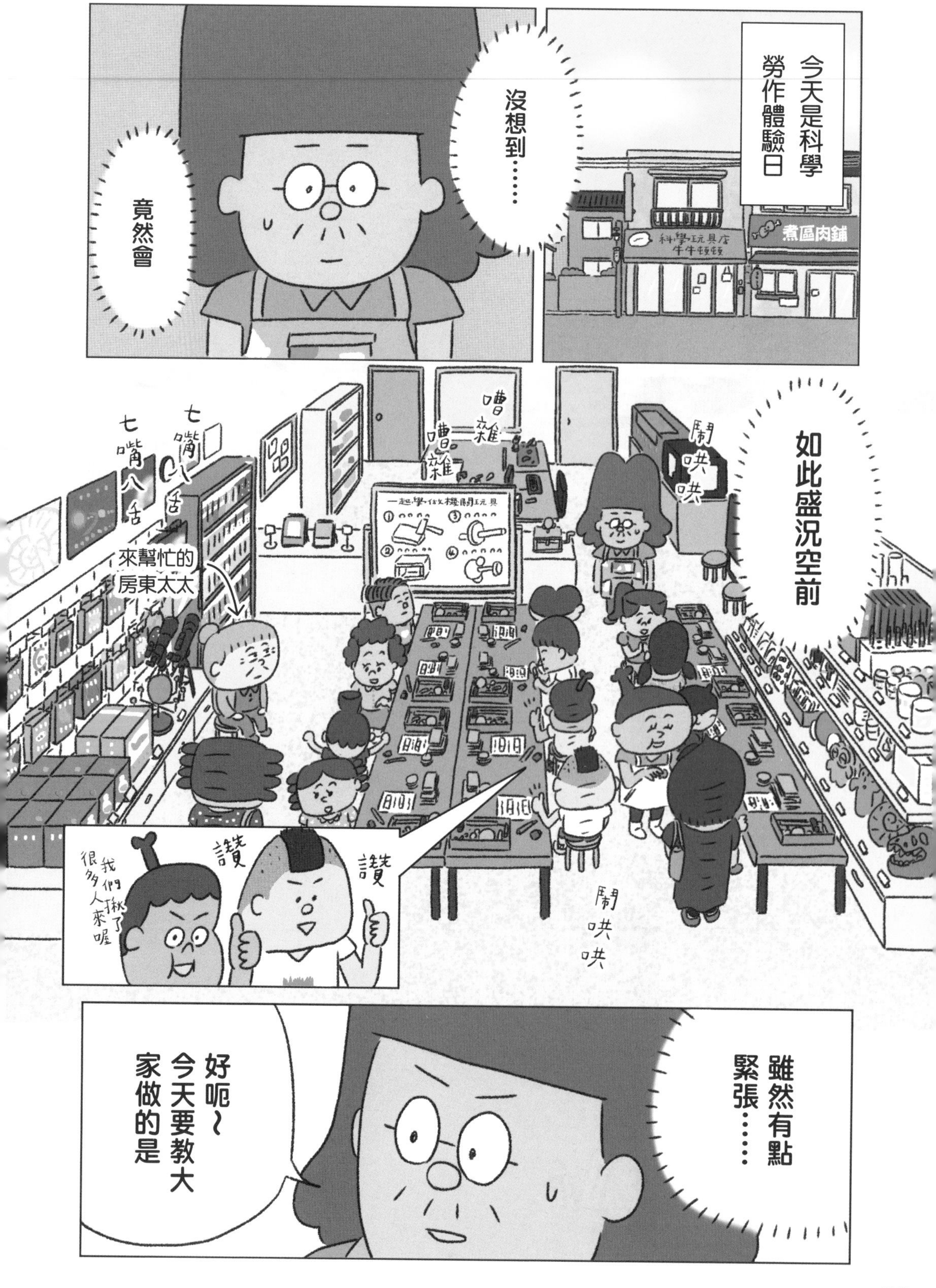
今天是科學勞作體驗日
科學玩具店
煮區肉鋪
沒想到……
竟然會
如此盛況空前
鬧哄哄
嘈雜嘈雜
七嘴八舌
七嘴八舌
一起學做機關玩具
來幫忙的房東太太
讚
讚
我們揪了很多人來喔
鬧哄哄
雖然有點緊張……
好呃～今天要教大家做的是

這個機關玩具。
趣味科學玩具
所謂的機關就是指利用齒輪、砝碼或是線等材料所組成的機械結構。而我們今天要做的是可以將旋轉運動轉換為直線運動的機械玩具。
①只要轉動把手
②這裡就會上下移動
上下
上下
上下
轉動
那麼先請大家把釘子敲進木板。
敲
敲
糟糕，我釘錯地方了。
湊近
靈光一閃
喔
這種情況
可以利用槓桿原理！

名稱

槓桿原理

定義

將棍子的其中一點作為支點，
並在遠離支點的一端（施力點）上
施加力量的話，
就能在靠近支點的一端（抗力點）上
獲得抗力。

簡單來說

善用支點、施力點與抗力點，就能將原本較小的力量轉換成更大的力量。

發現者

跟浮力有關的阿基米德原理
也是老夫我發現的喔。

阿基米德
（西元前287年－西元前212年）

示意圖

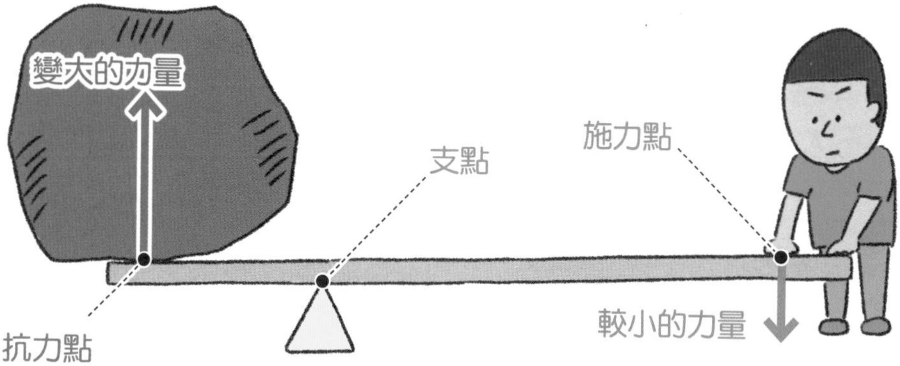

可以不費吹灰之力舉起石頭※

※不過施力點往下壓的距離會比石頭被舉起的距離要來得長（詳細原因可參閱第16頁的「功的原理」）。

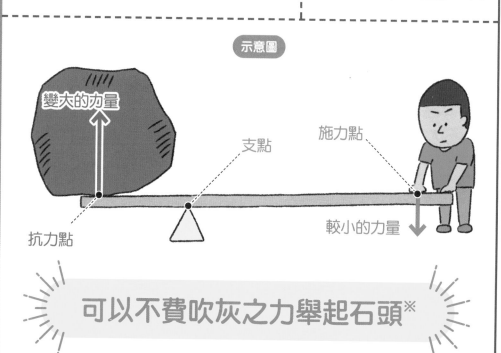

▷ 常見的槓桿大致分為4種

《第一類槓桿》

順序為「施力點→支點→抗力點」的物品

剪刀

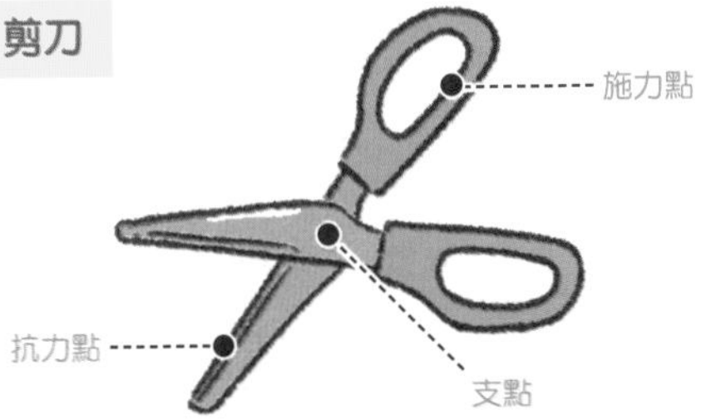
施力點
抗力點
支點

易開罐的拉環

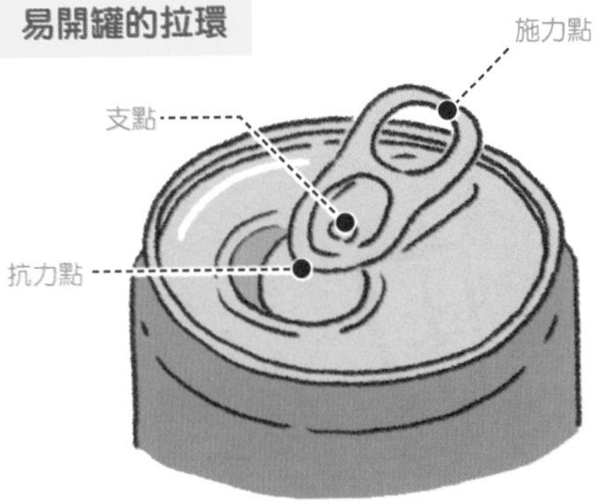
施力點
支點
抗力點

其他像是老虎鉗、開罐器等也是屬於第一類槓桿。

《第二類槓桿（省力）》

順序為「施力點→抗力點→支點」的物品

開瓶器

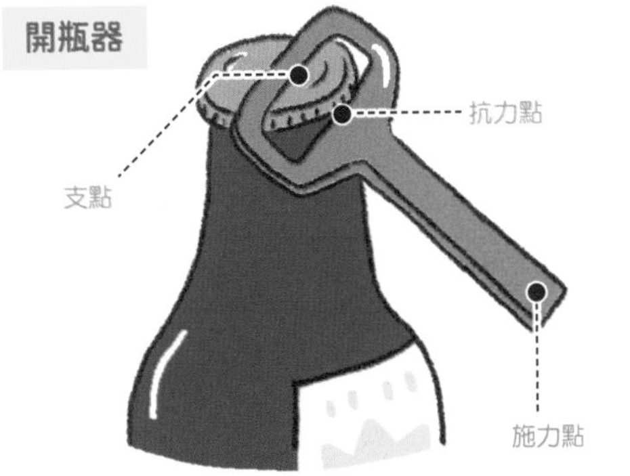
抗力點
支點
施力點

鋁罐壓罐器

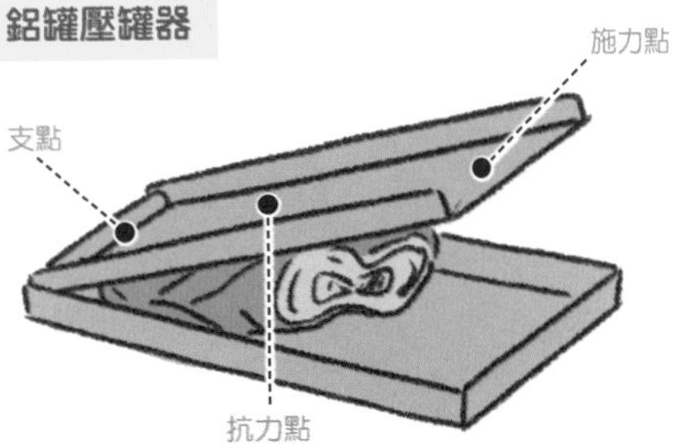
施力點
支點
抗力點

其他像是裁紙機、打洞器等也是屬於第二類槓桿。

《第三類槓桿（費力）》

順序為「支點→施力點→抗力點」的物品

鑷子

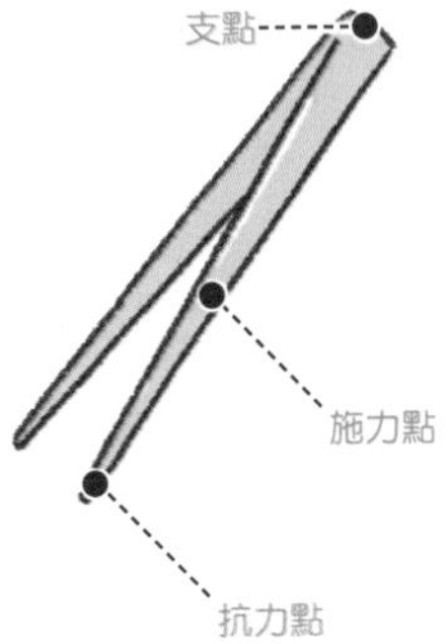
支點
施力點
抗力點

紗剪

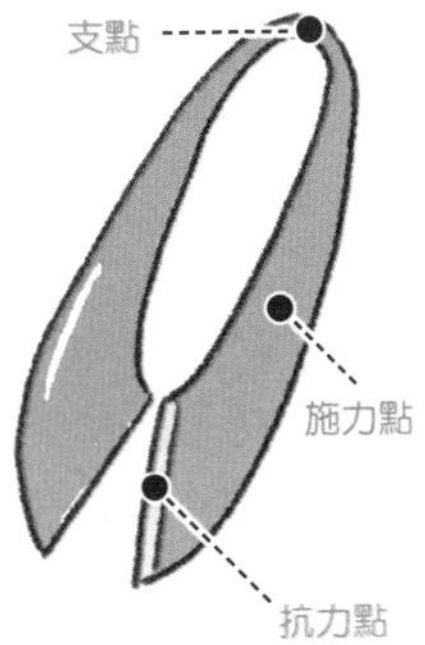
支點
施力點
抗力點

其他像是烤肉夾、握筷子的手等也是屬於第三類槓桿。

《其他類槓桿（旋轉型）》

以支點為中心施力於施力點上，進而使抗力點旋轉的物品

螺絲起子

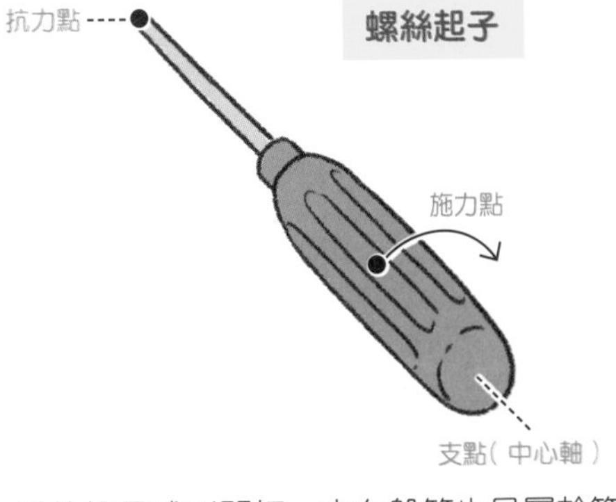
抗力點
施力點
支點（中心軸）

其他像是球型門把、方向盤等也是屬於第四類槓桿。

拔釘器運用的就是槓桿原理。
只要像這樣將拔釘器的缺口處
卡住
卡在釘子上。
用力
拔起!
哇哇哇哇哇哇哇哇

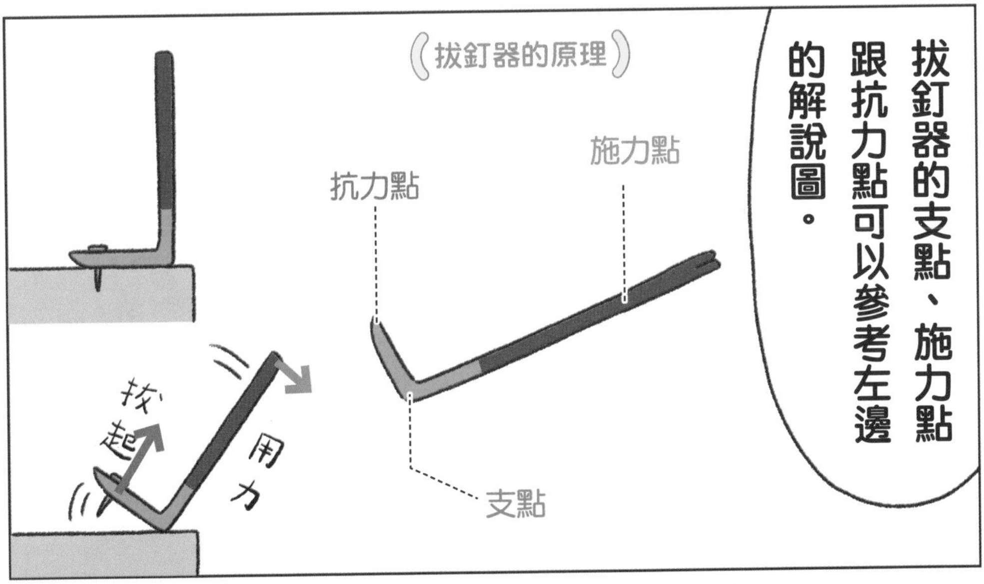
拔釘器的支點、施力點跟抗力點可以參考左邊的解說圖。
《拔釘器的原理》
施力點
抗力點
支點
拔起
用力

啊～對了♪
說到槓桿原理，我之前有做過一個玩具♪

你們看！
迷你投石機組合

趣味科學玩具

迷你投石器的科學原理是使用支點距離抗力點較遠的長槓桿。雖然必須要用比較大的力氣壓下投石器，但也會讓槓桿另一端上升的距離變多，讓球飛得更遠。

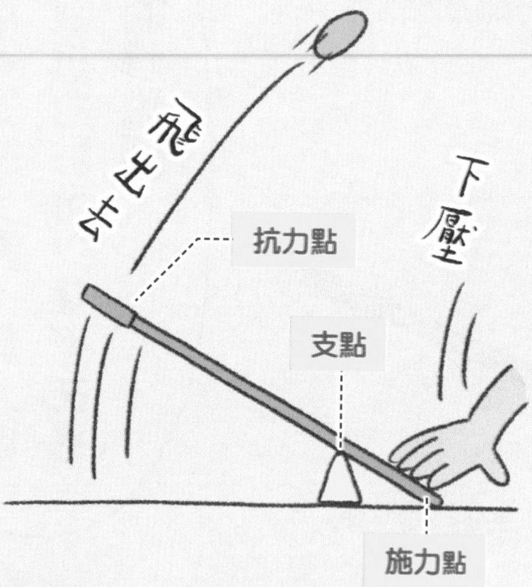

進階知識

Rank Up Information

槓桿原理的名言金句

發現槓桿原理的古希臘數學家阿基米德曾說過這樣一句話。

阿基米德
只要給我一個支點，我就能撐起整個地球。

但是，地球真的有可能被撐起來嗎？以地球的重量跟人類擁有的最大力量來計算的話※1，會需要非……常長的一根棍子。

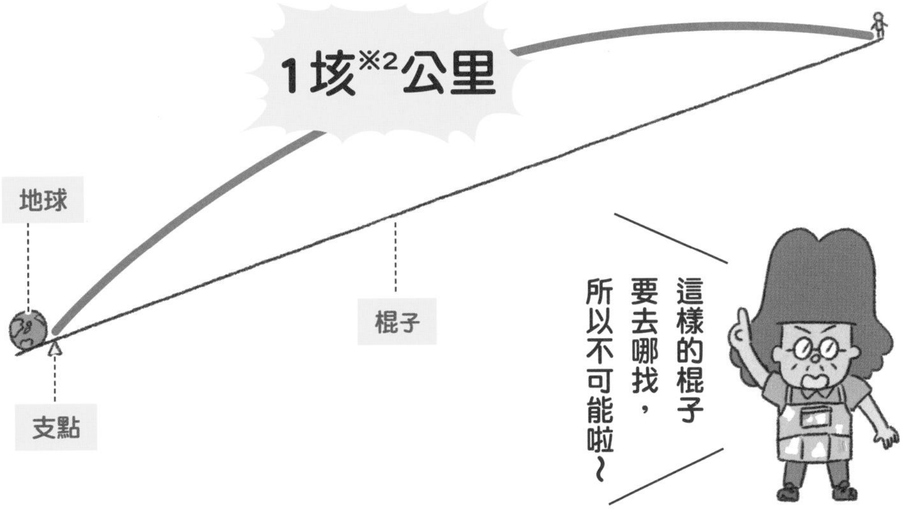
1垓※2公里
地球
支點
棍子
這樣的棍子要去哪找，所以不可能啦～

※1：以地球重量為6000000000兆噸、地球到支點之間的距離為1公尺、阿基米德施力推動60公斤重物體的力量來計算的情況。
※2：1垓＝1兆×1億。就算以光速來計算，1垓公里的距離也需耗時1000萬年。

請問～
這個是什麼呀？
喔，你提出了
一個好問題！
這是水分子
的形狀喔。
水是由氫原子
跟氧原子組成
而所謂的原子……
滔滔不絕
滔滔不絕

Episode 7

第7話

力學能守恆定律

鬧哄哄
鬧哄哄
七嘴八舌
遊樂園
入口
怎……
怎麼會這樣。
幾天前……
嘎啦嘎啦
老師~
喔，你好。
下週一大家要一起去遊樂園，老師要不要一起去？
應該說你能來的話會幫我一個大忙，因為能去的大人人數不太夠……
是小朋友的小學創校紀念日放假

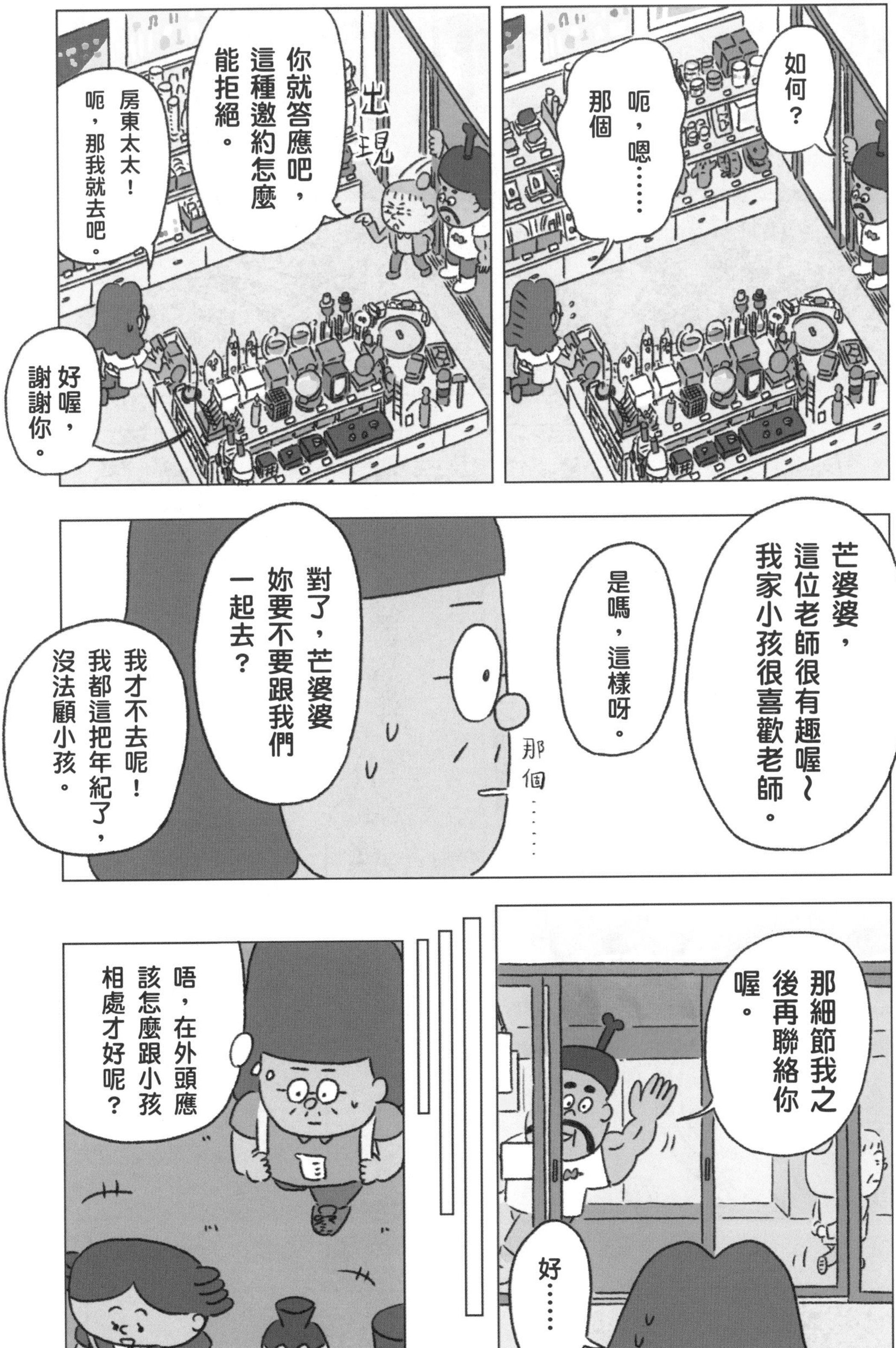
如何？
呃，嗯……那個
你就答應吧，這種邀約怎麼能拒絕。
出現
房東太太！呃，那我就去吧。
好喔，謝謝你。
芒婆婆，這位老師很有趣喔～我家小孩很喜歡老師。
是嗎，這樣呀。
那個……
對了，芒婆婆妳要不要跟我們一起去？
我才不去呢！我都這把年紀了，沒法顧小孩。
那細節我之後再聯絡你喔。
好……
唔，在外頭應該怎麼跟小孩相處才好呢？

不過既然都難得來遊樂園了……
燒杯形狀的後背包（特別訂做）

東翻西找
喀啦喀啦喀啦
咦，老師那是什麼？
這是伽利略溫度計喔。
好可愛

所以是要在這裡量氣溫嗎？
沒錯，難得我們今天來到一個平常不會來的地方。
顏色好鮮豔

趣味科學玩具

伽利略溫度計是藉由內部漂浮的球體的上下移動，來判別氣溫的溫度計，其原理是利用液體密度※會因為溫度變化而改變的性質。

28
26
24
22
20
18
16

在所有浮起來的球體之中，找到位置最下方的球體，上面數字就是現在的溫度。

▽

以左邊的例子來說，目前氣溫為20度。

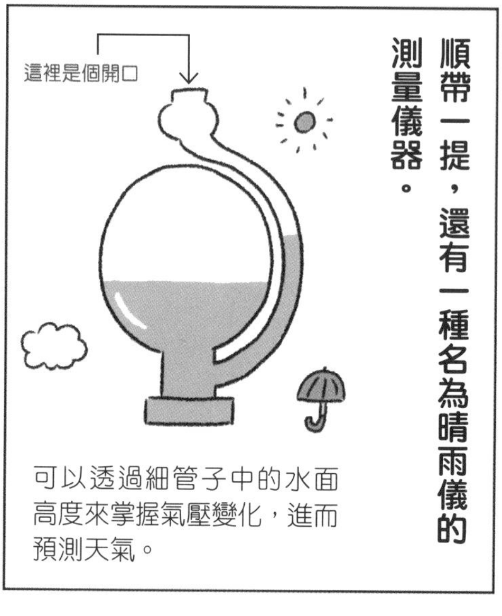
順帶一提，還有一種名為晴雨儀的測量儀器。
這裡是個開口
可以透過細管子中的水面高度來掌握氣壓變化，進而預測天氣。

※密度：一個物質單位體積下的質量，也就是質量除以體積。

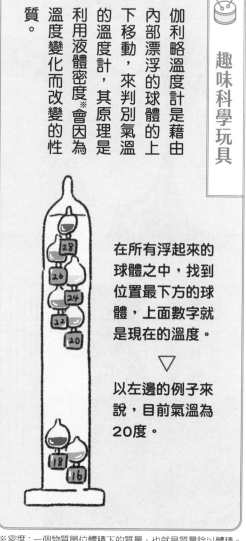

不過把晴雨儀帶在身上的話，水會灑得到處都是，所以沒辦法帶過來……
老師，先不要說這些啦。
我們今天都來到遊樂園了。
什麼？喔～
向前推
向前推
一小時後
我累了
大家聽好啦！
氣勢十足
接著要玩這個！

雲霄飛車
哇～好壯觀喔～
GAME
不曉得高度有多高呢～
抽動
靈光一閃
可以用力學能守恆定律來計算！
對了，力學能指的是讓物體動起來的力量來源……
老師又陷入他的世界了
力學能指的是位能跟動能的總和。
力學能
=
位能
+
動能

動能

動能指的是移動中物體所具有的能量。物體移動的速度越快或是重量越重，就具有越大的動能。

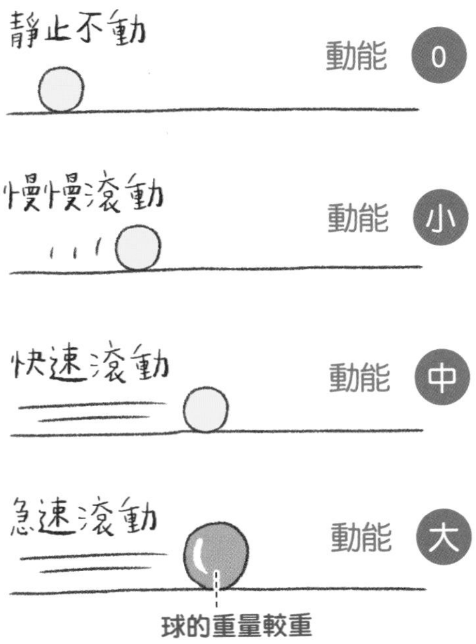

靜止不動
動能 0
慢慢滾動
動能 小
快速滾動
動能 中
急速滾動
動能 大
球的重量較重

位能

位能指的是位於高處的物體所具有的能量。物體的位置越高或是重量越重，就會具有越大的位能。

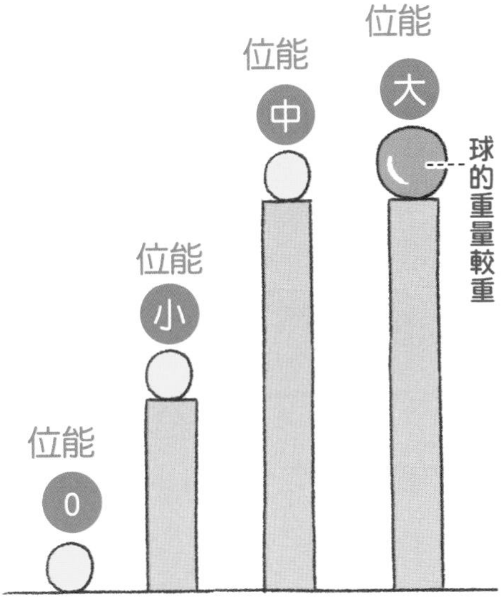

位能 0
位能 小
位能 中
位能 大
球的重量較重

「力學能守恆定律」名字聽起來雖然有點難，
但簡單來說就是說明高度與速度之間關係的定律。

名稱

力學能守恆定律

定義

不管是動能轉換成位能，
或是位能轉換成動能，
能量的總和(力學能)
永遠是固定不變的。

簡單來說

動能跟位能的總和不會改變。

發現者

動能的定義
是由我所提出的※

古斯塔夫・科里奧利
(1792－1843)

※力學能守恆定律沒有明確的發現者，是來自於多位科學家的研究成果。

示意圖

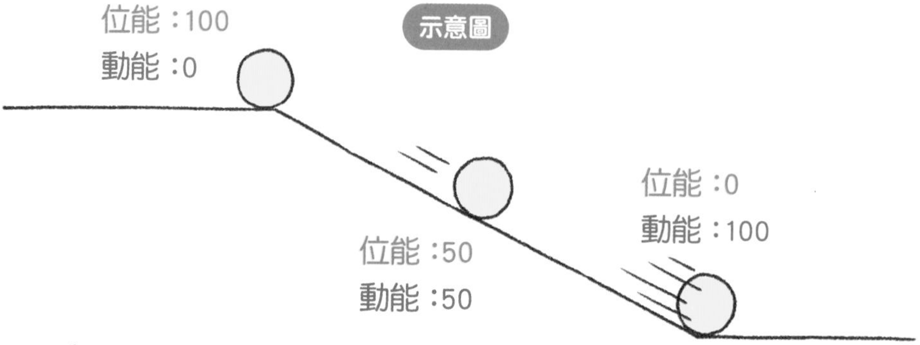
位能：100
動能：0
位能：50
動能：50
位能：0
動能：100

**就算高度轉換成速度，
能量的總和也不變。**

▷ 力學能守恆定律的例子

地下鐵的路線設計

在地下鐵的站與站之間會設計一段下陷的區間。這段區間透過位能跟動能轉換的原理，節省電車行駛耗費的能量。

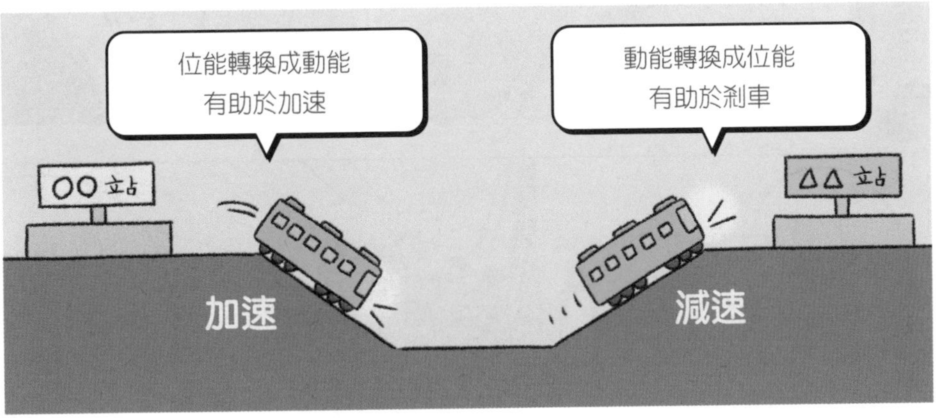

水力發電的原理

積蓄在水壩中的水從高處宣洩後（將位能轉換為動能），水流推動發電機的渦輪葉片發電。

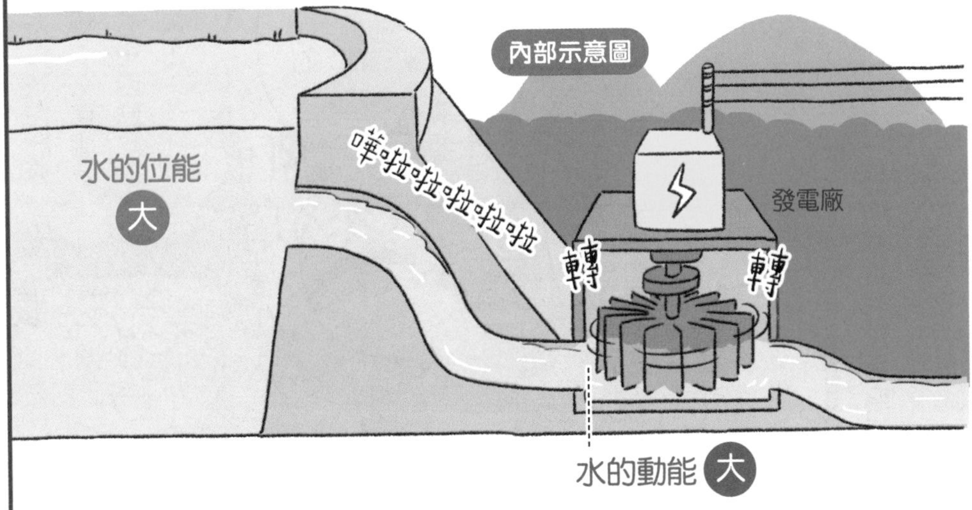

※詳細的計算公式屬於國高中課程，所以在此省略說明。

進階知識

Rank Up Information

力學能守恆定律的機智問答

Q. 請問，下方圖中的雲霄飛車有可能抵達終點嗎？

（雲霄飛車的原理是先讓車體移動到高處，它就能只憑藉著位能轉換成動能，自行前進抵達終點）

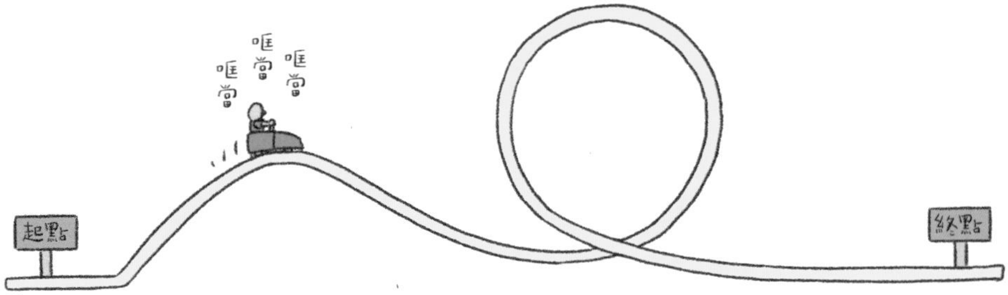
哐當
哐當
哐當
起點
終點

正確答案是……無法抵達終點！原因是根據力學能守恆定律，雲霄飛車將無法通過軌道中的圓形路段！

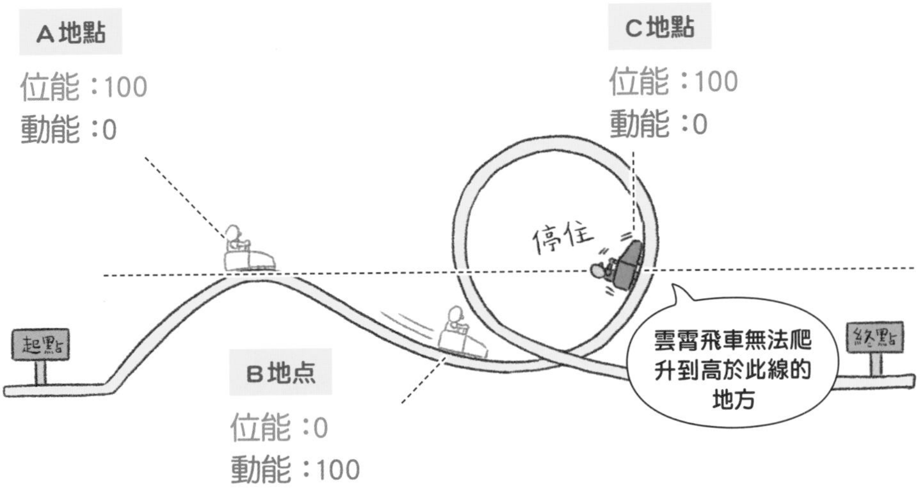
A地點
位能：100
動能：0
C地點
位能：100
動能：0
停住
起點
終點
B地点
位能：0
動能：100
雲霄飛車無法爬升到高於此線的地方

在這條軌道路線中，雲霄飛車可以透過A地點的位能前進，然後動能會在B地點來到最大。接著進入圓形路段後，動能會轉換為位能。因為力學能的總和不會改變，所以當雲霄飛車抵達C地點時，動能會變成0，使得雲霄飛車停下來。

設計雲霄飛車的人可是連這些細節都有考慮到喔！

隔天

Episode 8

第8話

歐姆定律

麵包
水果精華 蔬菜
嘎啦
嘎啦
嘎啦
我回來了！
你回來啦。晚飯再一下就好了。
喔，嗯。
今天也很晚喔。
……這陣子你都上哪去了？
精華 根太（18歲）
蔬果行老闆的兒子，高中三年級。
精華 菜（53歲）
蔬果行老闆，鑑賞蔬菜的眼光一流。

時間回到五個小時前
科學玩具店
牛牛頓頓
煮區肉
嘎啦嘎啦
老師你好，我是蔬果行老闆，敝姓精華。
不曉得現在方不方便說話呢？
喔，好呀。
請坐。
謝謝。
坐下
你現在還有客人，那我就長話短說了。

那個你想說什麼呢？
其實是我家兒子……
他最近都很晚才回家。
不曉得在做什麼，有點可疑。
我問他，他也不正面回答我。是說跟您商量這種問題……
靈光一閃
這種問題可以用歐姆定律解決！
歐姆定律是跟電有關的基礎定律。
具體來說是用來表示電流、電壓與電阻這三者之間關係的公式。
什麼？電流、電壓？
啊～我先說明這三個概念好了。

電壓

電壓指的是促使電流流動的力量。
電池或是發電機都可以產生電壓。
電壓的單位是伏特（符號為V）。

電流

每秒鐘通過的電有多少量。電會從電池正極流出去，然後再回到負極。電流越大意思就是每秒鐘有越多的電流通過。電流的單位是安培（符號為A）。

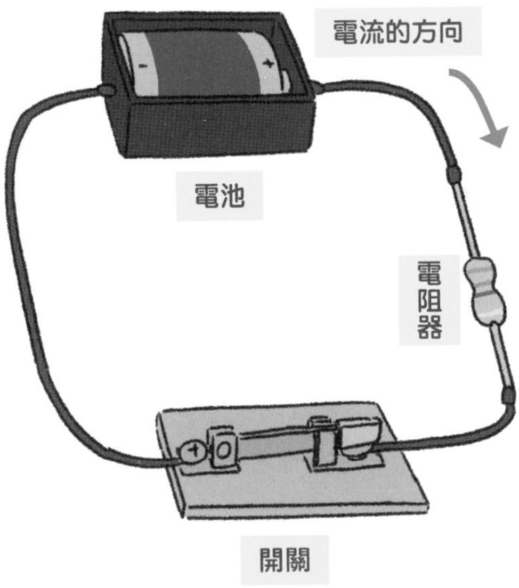

電流的方向
電池
電阻器
開關

電阻

電阻指的是電流流通時所受到的阻礙，也稱為阻抗。具有產生電阻能力的電子元件稱作是電阻器。
電阻的單位是歐姆（符號為Ω）。

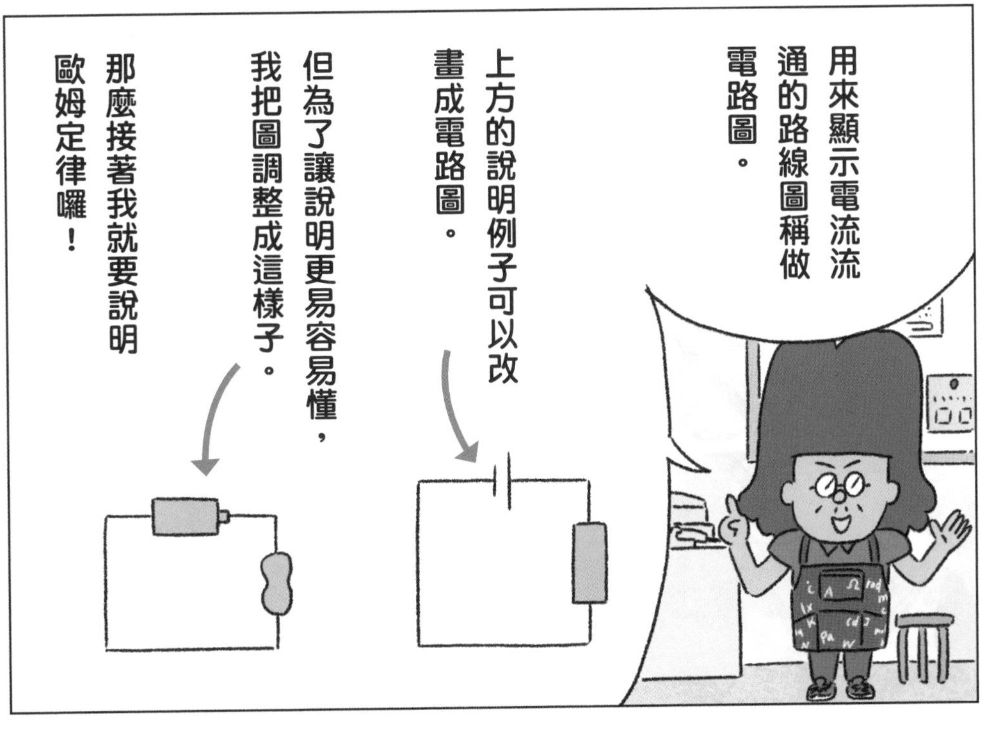

用來顯示電流流通的路線圖稱做電路圖。
上方的說明例子可以改畫成電路圖。
但為了讓說明更易容易懂，我把圖調整成這樣子。
那麼接著我就要說明歐姆定律囉！

名稱

歐姆定律

定義

通過導線※的電流大小跟電壓成正比，但跟電阻成反比。
歐姆定律是指通過阻抗的電流大小跟電壓成正比，也就是阻抗大小不會隨著電壓的改變而改變，可以寫成V與I成正比。

※讓電流流通的金屬線

簡單來說

電壓越大，電流就越大。

發現者

我的名字也被拿來當作電阻的單位使用喔！

蓋歐格・歐姆
（1789－1854）

示意圖

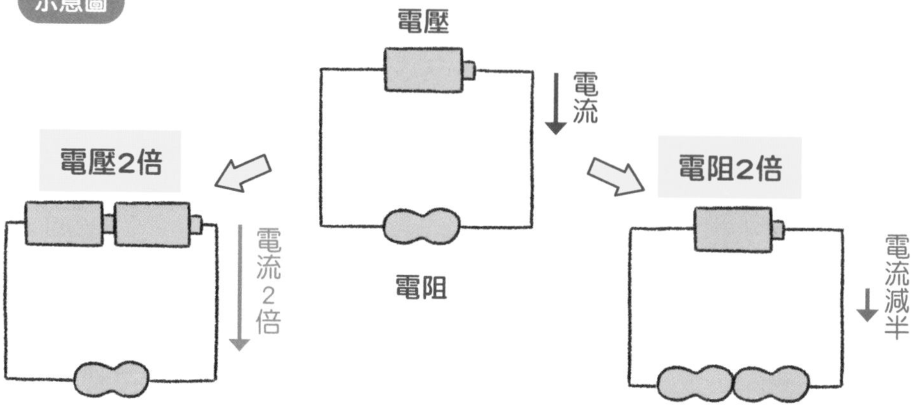

電流、電壓、電阻之間會相互影響。

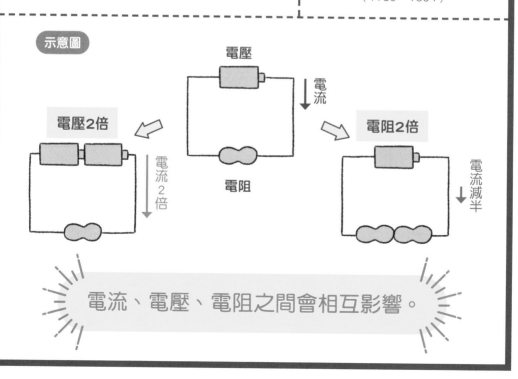

▷ 運用歐姆定律進行計算

以數學的觀點來看，「電流＝電壓÷電阻」
這個公式也能改寫成「電阻＝電壓÷電流」或是「電壓＝電流×電阻」。
現在就讓我們運用這幾個公式來解開下面的問題吧！

問題1 下圖中的電流有多大？

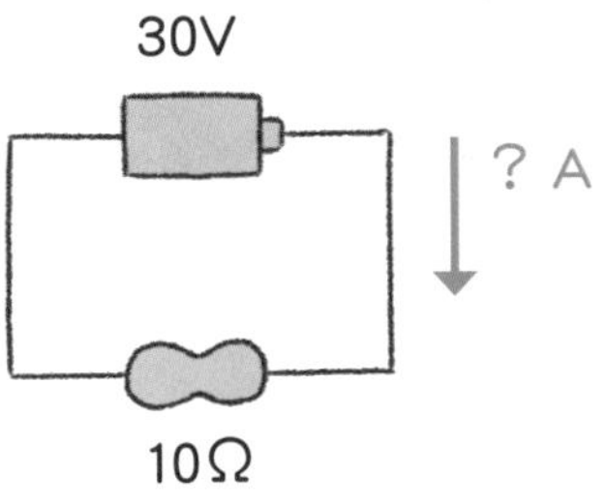

解答①

電流＝電壓÷電阻＝30÷10＝**3A**

問題2 下圖中的電阻有多大？

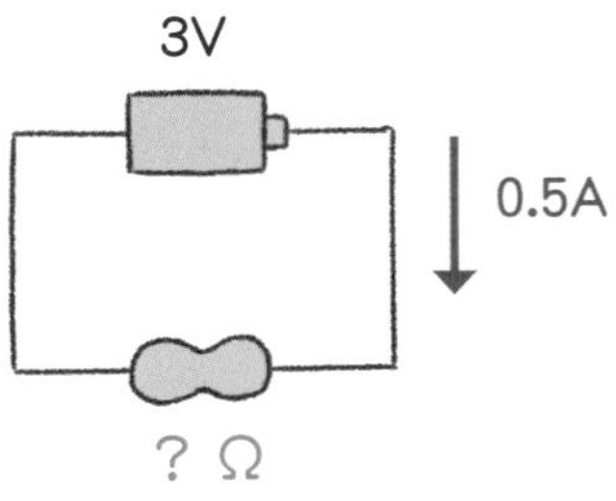

解答②

電阻＝電壓÷電流＝3÷0.5＝**6Ω**

只要知道電流、電壓、電阻當中的其中兩項數值，就能計算出其他兩項的數值喔。

▷ 電子設備的運作也有運用歐姆定律！

如果想讓智慧型手機或是家電、汽車等電子設備正常發揮功能，電子電路※是不可或缺的。而設計電子電路時所運用的計算準則就是歐姆定律。

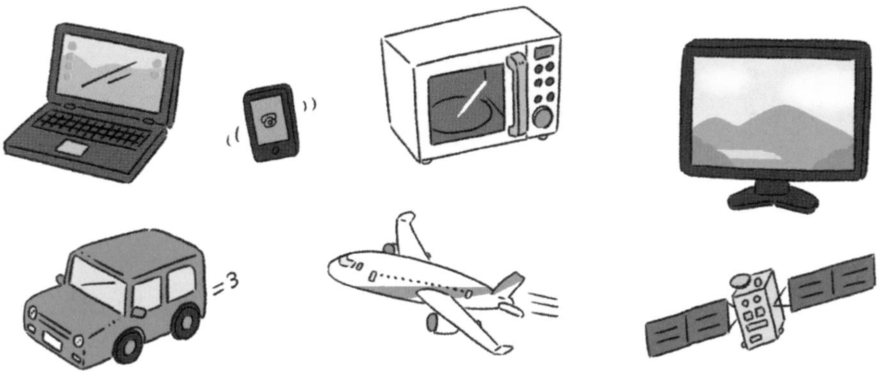

※電子電路：簡單來說就是電流流通的路線，是各式各樣電子元件組合後所構成的。

趣味科學玩具

人的手只要緊張流汗的話，電阻就會變小。這麼一來，根據歐姆定律，電流就會變大，而這臺測謊機就是利用這個定律。

《使用方法》

1. 請測謊對象將雙手分別放在鋁板上後，和測謊機連成一個電流通路。
2. 向測謊對象提問想問的問題。
3. 如果電流比測謊前來得大，就表示對方可能在說謊。

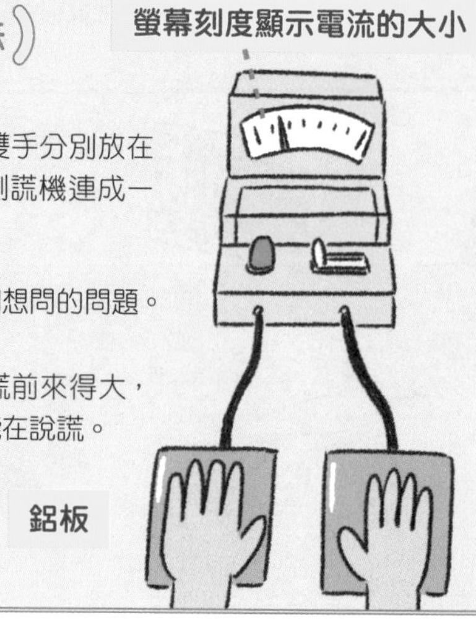

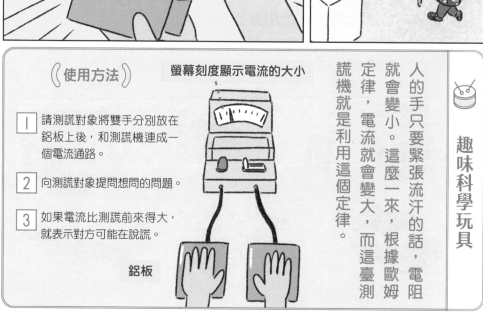

也就是說，如果指針大幅擺動的話，就表示你兒子很有可能在說謊。
不過也只是有可能啦！
現在
雖然我並不想對小孩測謊……
我去哪有差嗎？
那你來這裡坐下。
什麼啦～
把手放到這個板子上。
遞出
等一下，聽完我的問題後回答「是」或「不是」。
什麼？那該不會是測謊機吧？
你覺得我在說謊嗎？
不是啦，那是因為你每次都很晚回家，然後也不說原因。

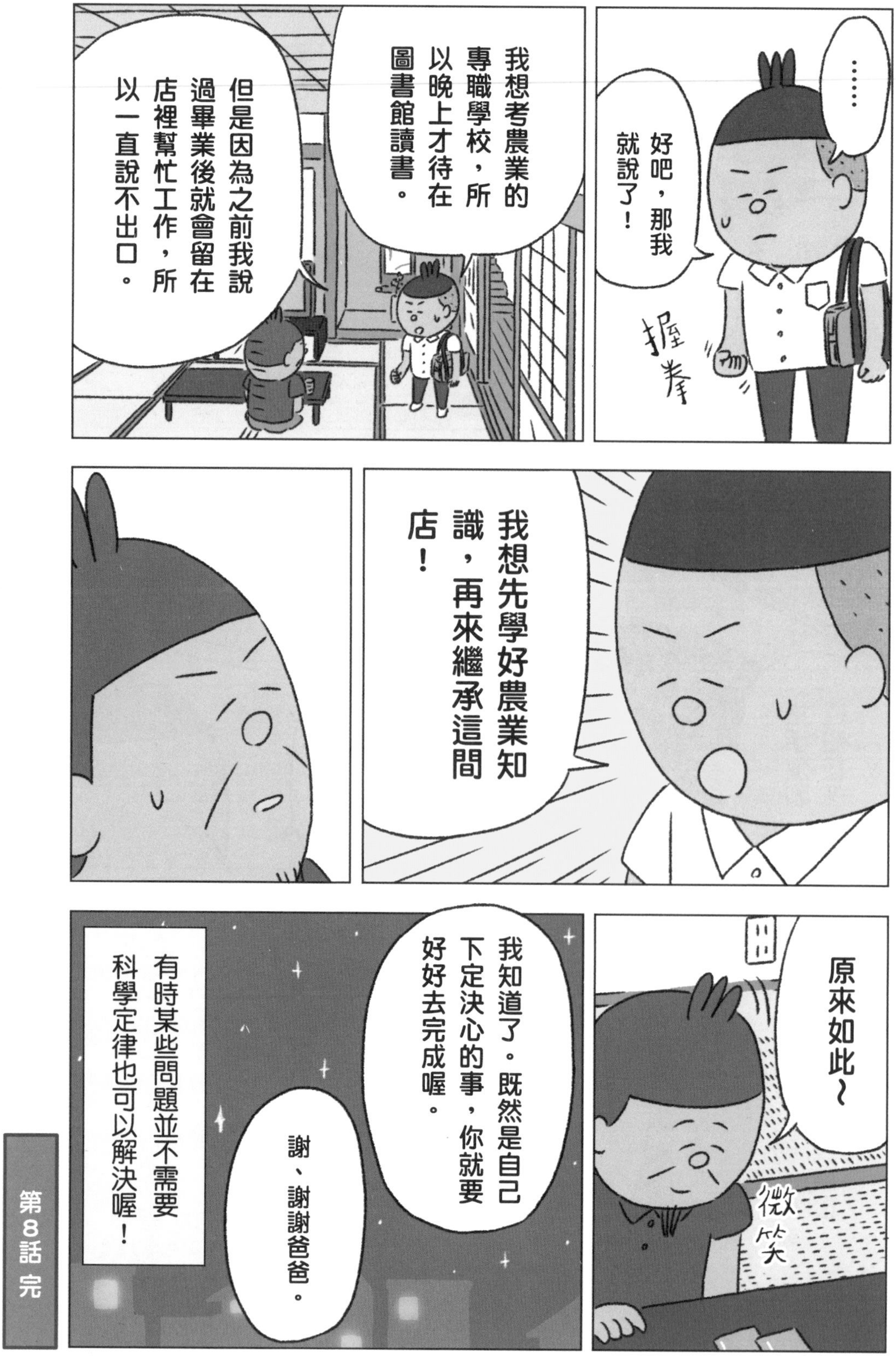
……
好吧，那我就說了！
握拳
我想考農業的專職學校，所以晚上才待在圖書館讀書。
但是因為之前我說過畢業後就會留在店裡幫忙工作，所以一直說不出口。
我想先學好農業知識，再來繼承這間店！
原來如此～
微笑
我知道了。既然是自己下定決心的事，你就要好好去完成喔。
謝、謝謝爸爸。
有時某些問題並不需要科學定律也可以解決喔！
第8話 完

進階知識

Rank Up Information

歐姆定律可以忽視不計！

特定的金屬在溫度降到極低後，電阻會降為零，這種現象被稱作「超導」。

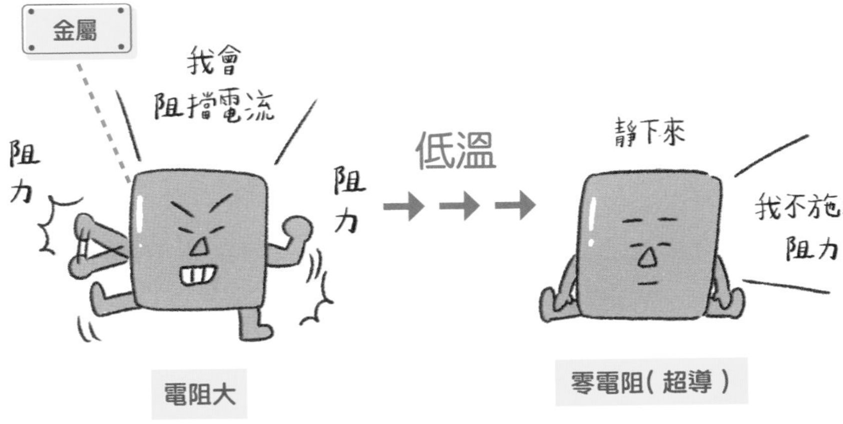
金屬
我會
阻擋電流
阻力
阻力
低溫
靜下來
我不施加
阻力
電阻大
零電阻(超導)

歐姆定律在超導狀態下就不管用了，此時只要電流一旦流通，就會持續不斷的流通下去。也因為這樣的性質相當重要，所以也被研究應用在各種東西上。

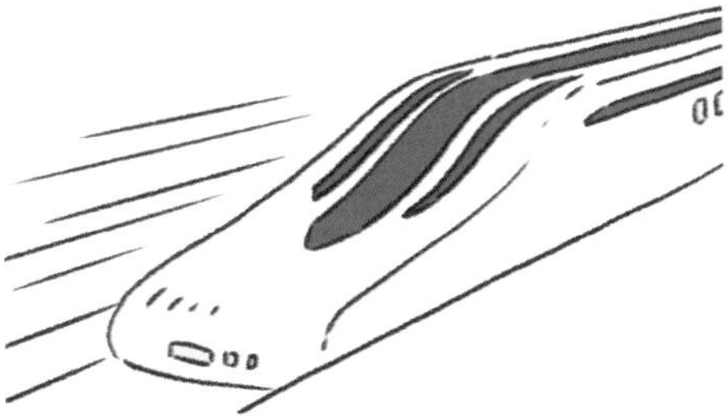

電流流過

超導磁浮列車

超導磁浮列車指的是利用在超導狀態下獲得強大磁力的超導電磁鐵※，讓列車可以浮起來行駛，時速可以達到500公里。

超導電纜

由於超導材料的供電效率極佳，所以在供電時不會產生耗損。為了實現超導電纜的應用，目前相關研究正在進行中。

※電磁鐵：利用電流來產生磁力的裝置。

所以那個就是測謊機嗎？
我想試看看。
嗯，那就來試試看吧。
也讓我試一下～

Episode 9

第9話

弗萊明左手定則

哇～
今天生意還不錯耶……
嗞嗞嗞嗞嗞嗞嗞嗞嗞嗞嗞
科學玩具店
煮區肉
或許是因為要放暑假了……
不曉得大家是不是為了要做暑假研究作業才買？
唔，這週的營業額是……
嗯，這個月的房租沒問題。這樣的話……
咻嚕
沉思
沉思
刷刷
刷刷

決定了！
明天早上我要去麵包店大買特買一番！
一想到就開始興奮起來了。感覺沒辦法馬上入睡。
嗶
呼～
馬上睡著
打呼
隔天早上
啾啾
啾啾
得意麵包店
蔬菜水果
OPEN
歡迎光臨～

唔，首先呢……
咖哩麵包出爐囉
紅豆麵包是一定要的。
夾
紅豆麵包 30元
喔，內餡很實在呢～
接著是鹹麵包類的。
請問～
你是科學玩具店的老師，對不對？
喔，對。
初次見面，我是這間店的老闆判版。
得意麵
判版色丸（35歲）
麵包店老闆。
最喜歡的麵包是葡萄麵包。
啊，我是不是太興奮了？因為這裡的麵包每樣看起來都很好吃。
不好意思
沒這回事，謝謝你的誇獎。
得意麵包
很抱歉這麼突然的問，
不曉得今天中午我能去店裡找你嗎？
什麼？
馬鈴薯麵包 35元
其實我有事想要找你商量。
喔，沒問題。非常歡迎。

當天中午
嘿咻
打擾了。
嘎啦嘎啦
你好。
不好意思，早上問得那麼臨時。
不會不會
那個……這陣子你店裡情況如何呀？
比起剛開幕那時，客人增加很多。
那很不錯呢。其實我想跟你商量的是我店裡的營業額最近有點走下坡。
不知該如何是好……
最近我經常聽到商店街的人都在談論老師，所以才想說一定要來找你商量。
原來是這樣呀。
沉思……
讓店面重拾人氣的科學定律……
靈光一閃
要不要試試看弗萊明左手定則呢？

名稱

弗萊明左手定則

定義

在磁場※中的導線通入電流後，導線會受到一股力量，此時電流、磁場跟導線受力的方向會跟左手中指、食指以及大拇指形成直角時的方向一模一樣。

※指的是磁力的作用範圍。

簡單來說

只要用左手比一下，就能馬上辨識出電流、磁場跟導線受力的方向。

發現者

約翰・弗萊明
（1849－1945）

示意圖

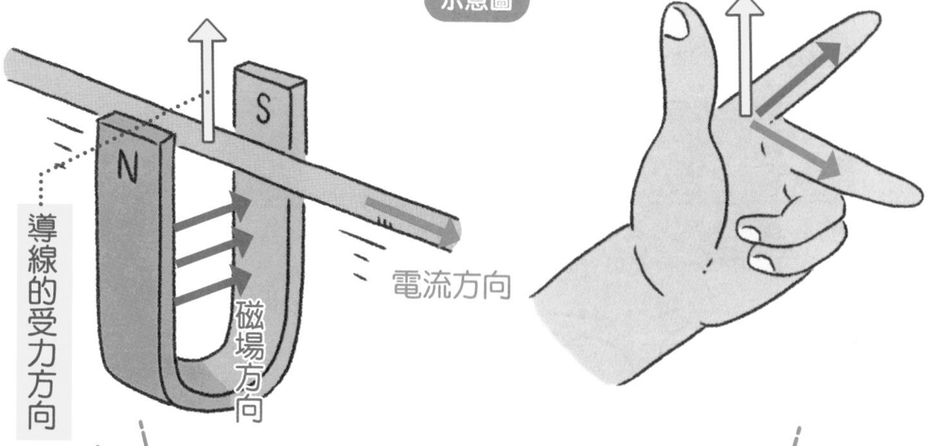

中指、食指、大拇指依序代表
電流方向、磁場方向、受力方向

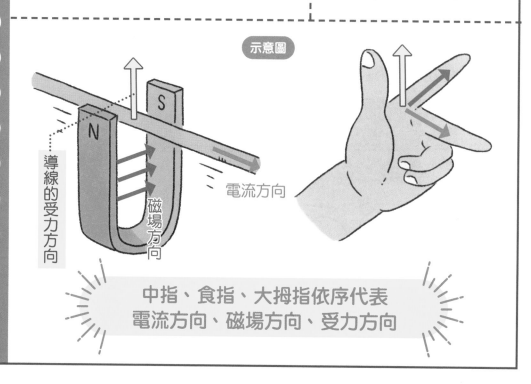

▷ 驗證弗萊明左手定則的實驗

在裝設好下方的裝置後接通開關，電流就會流通並與磁場作用，進而產生力，使得銅線移動。

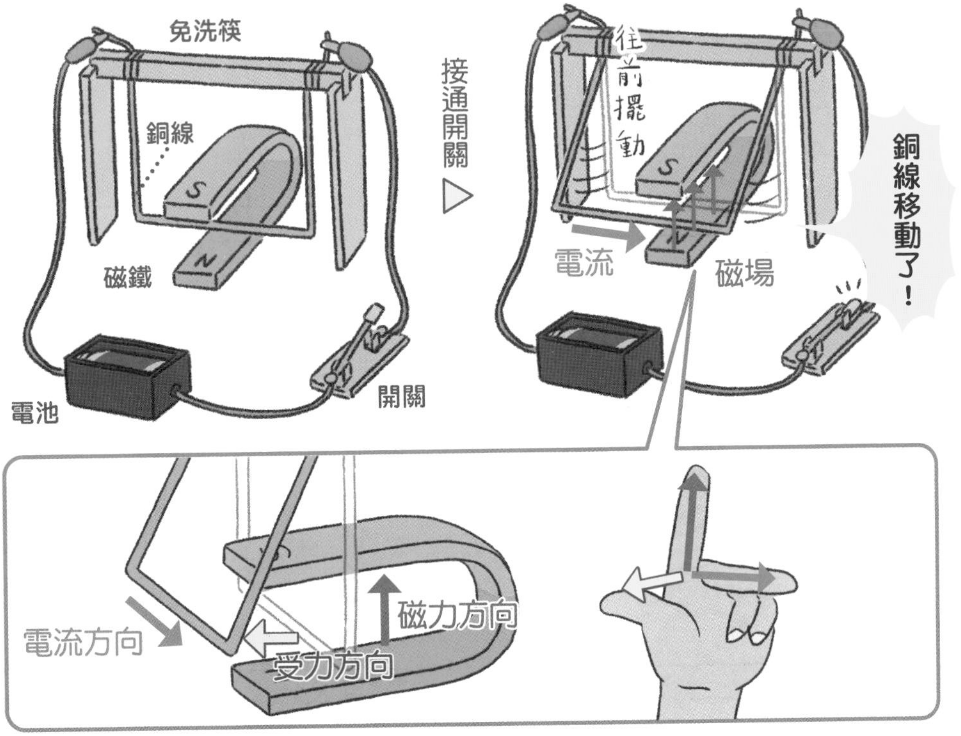

▷ 這項定則誕生的背後有著老師為學生設想的心

1885年擔任大學老師的弗萊明，在得知學生經常搞混電流與磁場以及力之間的關係後，便提出了這項左手定則。此後，這項定則就成為了簡明易懂的解說方法，並流傳至其他國家。

※這個「力」並非佛萊明所發現的。

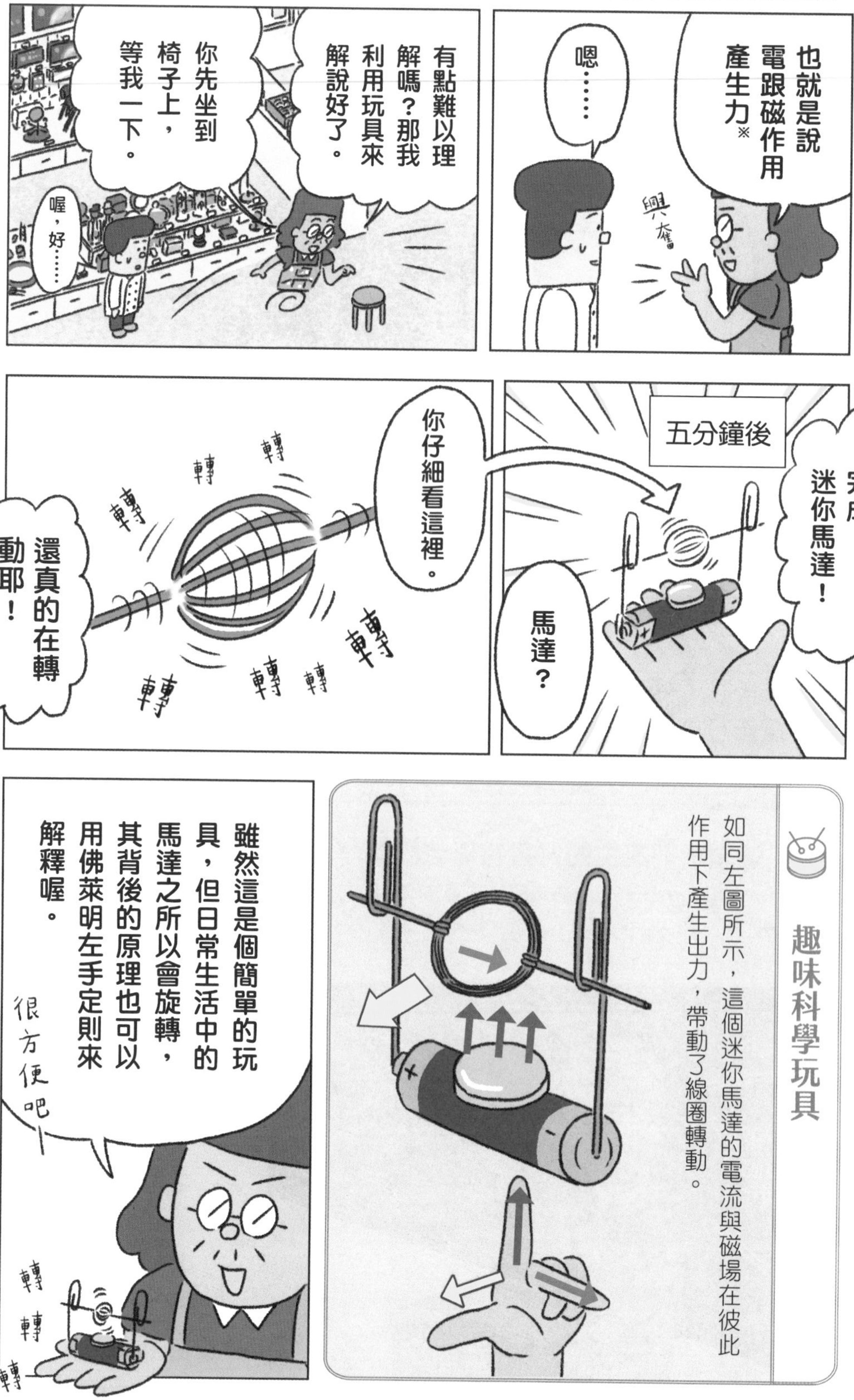
也就是說電跟磁作用產生力※
嗯……
興奮
有點難以理解嗎？那我利用玩具來解說好了。
你先坐到椅子上，等我一下。
喔，好……
五分鐘後
完成，迷你馬達！
馬達？
你仔細看這裡。
轉
轉
轉
轉
轉
轉
轉
還真的在轉動耶！
趣味科學玩具
如同左圖所示，這個迷你馬達的電流與磁場在彼此作用下產生出力，帶動了線圈轉動。
雖然這是個簡單的玩具，但日常生活中的馬達之所以會旋轉，其背後的原理也可以用佛萊明左手定則來解釋喔。
很方便吧！
轉
轉
轉

老師你真厲害呢。有活力又充滿熱情，
只不過這項定則要如何幫助我的店？
對欸，真是抱歉。
唔，首先判版先生你們家的麵包非常好吃，
所以口味上是完全沒問題的。
那不曉得你有沒有其他擅長或是喜歡做的事？興趣也可以。
呃，擅長的……我喜歡音樂。
別看我這副樣子，我以前在高中可是曾經組過樂團。
很不錯喔！那麼就試試看結合麵包跟音樂！
麵包
音樂
什麼？
就像剛才我說的，在佛萊明的左手定則裡，力是透過電跟磁的作用所產生來的，所以我想如果能將某兩樣東西順利結合，應該能誕生出新的力量。
電
磁
不過這種想法好像有點牽強……

原來如此
喃喃
這個跟那個……
嗯，就是這樣……
喃喃自語
還好，有來找老師商量！
我再回去想一下！謝謝您。
咻
喔，不會。你不用客氣……
隔天
鈴鼓麥麵包 45元
響板麥麵包 30元
麵包店演奏會
主辦單位：得意麵包
設計靈感來自於鼓的廚師帽
開門
讓各位久等了，
剛出爐的笛子麵包喔～
鬧哄哄
七嘴八舌
大家一起享受充滿創意的樂器麵包！
薩克斯風麵包（樣品）
最適合派對與任何慶祝場合！
吉他麵包
加賀覺得有點羨慕。
真受歡迎……
第9話 完

進階知識

Rank Up Information

迷你馬達的製作方法

讓我們一起來製作加賀在第114頁中做出來的馬達吧！

（小朋友請不要單獨製作，務必請爸媽陪同喔）

所需的材料

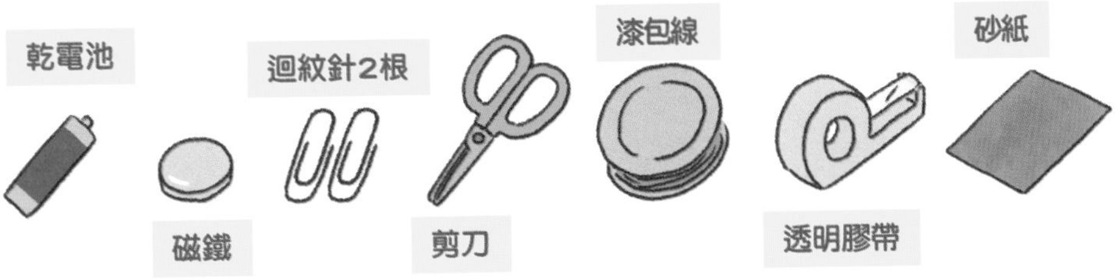

乾電池
磁鐵
迴紋針2根
剪刀
漆包線
透明膠帶
砂紙

製作方法

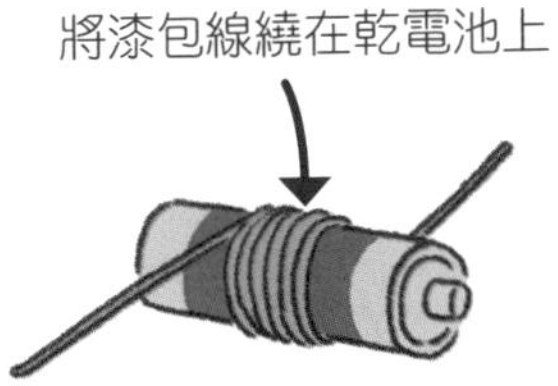

將漆包線繞在乾電池上

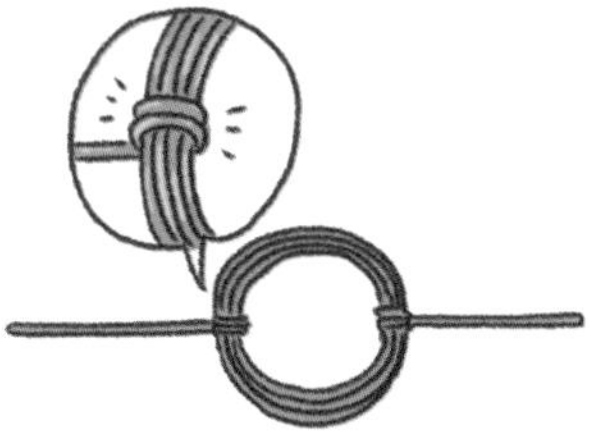

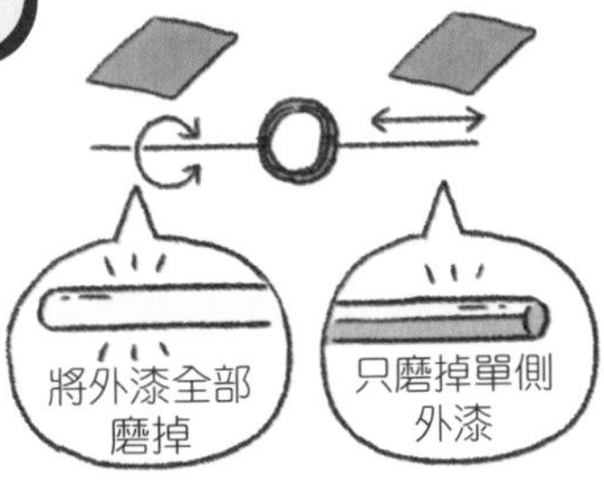

將外漆全部磨掉
只磨掉單側外漆

1 將漆包線在乾電池上纏繞10～15圈，並留下10公分左右的銅線。

2 將剩餘的10公分漆包線在線圈上纏繞3圈，讓線圈不要鬆開。（漆包線兩端呈一直線）

3 用砂紙磨掉漆包線的外漆。砂紙磨的方法如上圖所示，注意線圈左右兩邊的磨法不同。

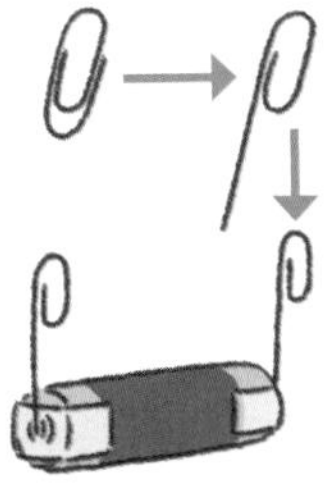

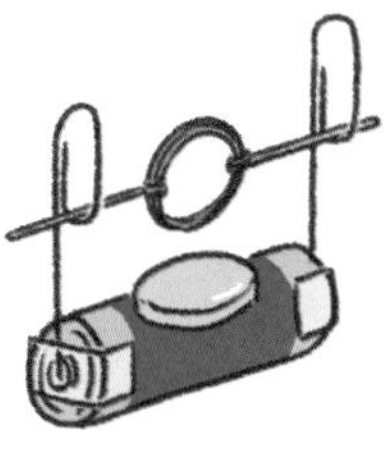

一開始先用手指頭稍微撥動線圈，接著線圈就會不停的轉動！
豎起手指

4 將兩根迴紋針拉直後，分別用透明膠帶黏在乾電池的正負極上。

5 將磁鐵放到乾電池側邊上，再將按照步驟1～3所製成的線圈架到迴紋針上後就大功告成。

在麵包店的廚房裡……
哼哼
唱唱
捏 捏 捏
判版 佛子（34歲）
佛子跟她的先生色丸以前都是同個樂團的團員。

Episode 10

第10話

萬有引力定律

隔壁空地的
ISS觀測活動
和夜市
七嘴八舌
鬧哄哄
科學玩具店
牛牛頓頓
鬧哄哄
烤雞串
25元
冰鎮小黃瓜
20元
烤飯糰
30元
科學玩具店
牛牛頓頓
我看看
超好玩！
大家的
熱熱
商店街
科學
牛牛
喧鬧嘈雜
七嘴八舌
隔壁空地的
ISS觀測活動

ISS是International Space Station的簡稱，中文稱為「國際太空站」。國際太空站位於距離地表有400公里遠的上空，是一個有太空人駐點，並且可以進行實驗與研究的機構。

ISS所行經的軌道或天氣等條件如果搭配得當，就可以在地表上觀測到。

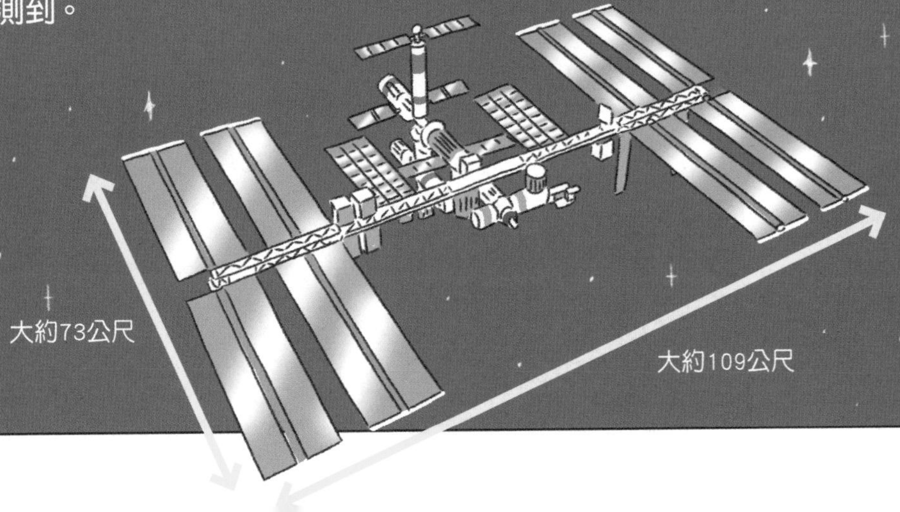

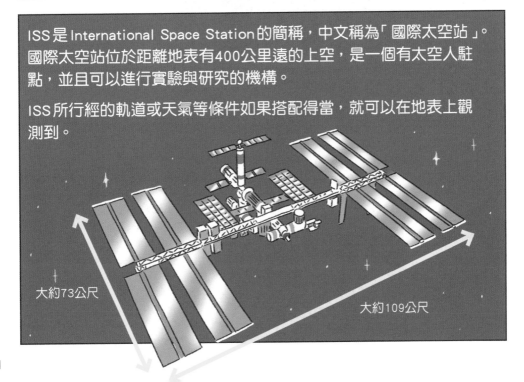

哇，它在移動耶！
好厲害
哇～
各位！
它移動得還滿慢的耶。
雖然ISS的移動看起來很慢，但實際上卻不是這樣喔！
它移動速度其實很快喔。

而且ＩＳＳ的移動速度還可以用萬有引力定律計算出來喔。
萬有引力？
豎起手指
聚集
怎麼回事
哈，又來了
聚集
聚集
聚集
所謂的萬有引力指的是作用於所有物體之間的引力，而這樣的引力也作用於ＩＳＳ跟地球之間。萬有引力可以想成彼此手牽著手互相拉住一樣。
ISS
萬有引力
地球
基本上ＩＳＳ只靠著來自地球的引力運行，要是沒有引力的話，ＩＳＳ可是會飛走的喔。
發生什麼事！
放開
老師，ＩＳＳ的速度是……
啊，我又岔題了。在這之前，我先來解釋萬有引力定律吧。

名稱

萬有引力定律

定義

所有物體之間都有相互吸引的力量（萬有引力）在作用。萬有引力的大小跟物體的質量成正比，並且跟物體之間的距離的平方※成反比

※平方：將某個數字相乘兩次的意思，比方說「5」的平方就是「25」。

簡單來説

在物體質量越大並且距離越近的情況下，萬有引力就會越大。

發現者

相傳這個定律是我在看到蘋果掉到地上後發現的，但是真是假沒有人知道。

艾薩克・牛頓
（1642－1727）

示意圖

所有物體都會相互吸引。

▷ 人唯一感覺得到只有來自地球的引力

萬有引力雖然作用於所有物體之間，但我們之所以感受不到，是因為它的力量太小了。不過質量遠大於我們的地球，就如同萬有引力定律所定義的一樣，引力會比較大，而這樣的力量就稱作是重力。

引力雖然也作用於人跟人之間，但因為這股力量太小了，所以我們感受不到。

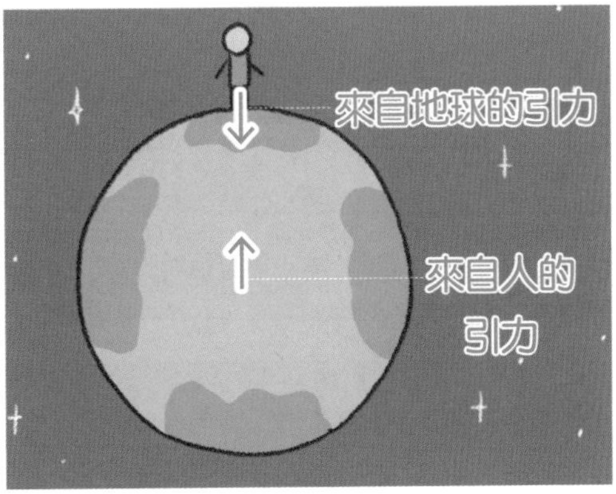

雖然地球也從人身上接受到相同大小的萬有引力，但因為地球質量實在是太大了，所以不會受到影響。

▷人如果到了月球或是太陽上，體重會產生怎麼樣的變化？

根據萬有引力定律，星體的質量與大小的不同會導致星體表面的引力（重力）產生變化。因此，如果在月球或太陽的表面測量體重的話，會得到跟在地球上測量時不一樣的結果。

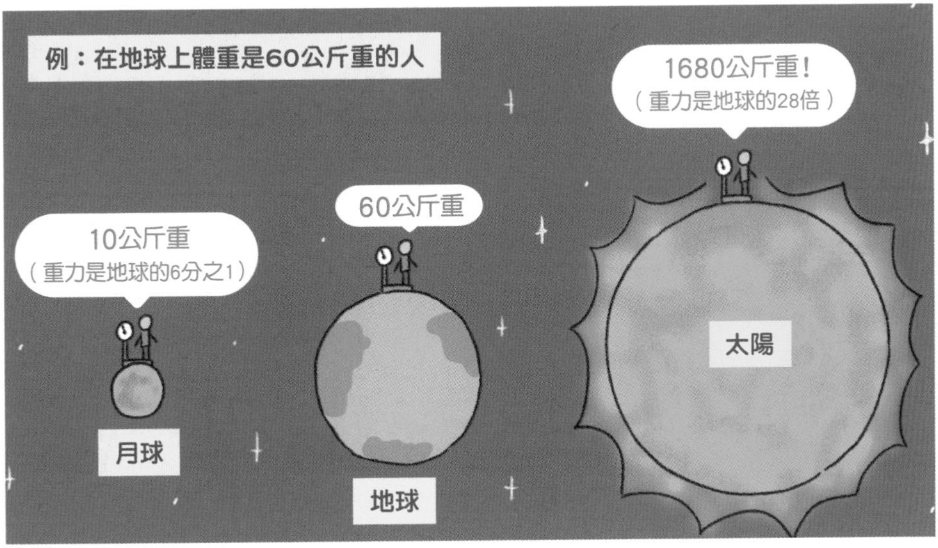

註：月球、地球以及太陽的插圖沒有依照真實比例繪製。

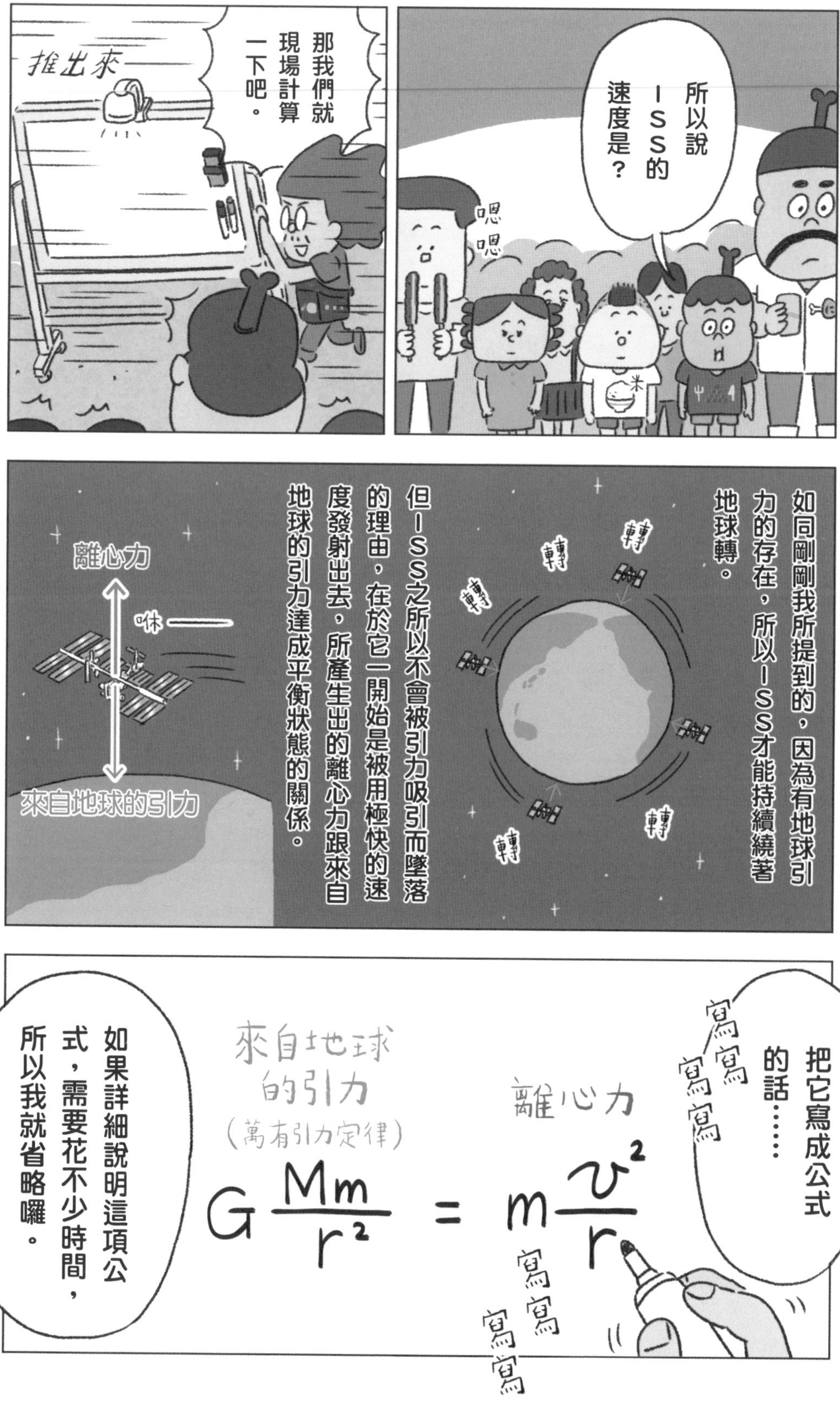

所以說ISS的速度是？
嗯嗯
那我們就現場計算一下吧。
推出來
如同剛剛我所提到的，因為有地球引力的存在，所以ISS才能持續繞著地球轉。
轉
轉
轉
轉
轉
但ISS之所以不會被引力吸引而墜落的理由，在於它一開始是被用極快的速度發射出去，所產生出的離心力跟來自地球的引力達成平衡狀態的關係。
離心力
咻——
來自地球的引力
把它寫成公式的話……
寫寫寫寫
來自地球的引力（萬有引力定律）
離心力
$G\frac{Mm}{r^2} = m\frac{v^2}{r}$
寫寫寫寫
如果詳細說明這項公式，需要花不少時間，所以我就省略囉。

接著將這項公式改寫成可以求出速度的式子……
來自地球的引力
(萬有引力定律)
離心
$G\frac{Mm}{r^2} = m\frac{v^2}{r}$
$v^2 = G\frac{M}{r}$
$v = \sqrt{\frac{GM}{r}}$
寫寫
寫寫
寫寫
再填入地球質量等數值來加以計算的話……
$v = \sqrt{59.1 \times 10^6}$
$= 7.7 \times 10^3$ m/s
$= 7.7$ km/s
秒速是七點七公里！
換算成時速，就是兩萬七千七百公里！
這個速度是高鐵的九十二倍。
好快
什麼
ISS移動得好快！！
有這個快喔！
ISS只花費九十分鐘就可以繞行地球一圈！
結論是，我們店裡也有賣ISS的模型。大家有沒有興趣呀？
老師的推銷這麼突兀喔！
做生意的技巧還有待加強呀～
哇哈哈

不過老師店裡確實有很多有趣的玩具。
之前買的陀螺玩具超好玩的
之前在工作坊做的玩具我到現在都還有在玩喔。
沒錯
我變得比較喜歡科學了。
我每次看到喝水鳥都覺得心情很好。
很開心聽你們這麼說。
湊近
呵呵呵
鬧哄哄
鬧哄哄
看來房租應該沒問題了。
房東太太！
我也不曉得……不過跟之前比起來應該是沒問題。
我希望能向大家傳遞更多科學的樂趣！
加賀的奮鬥仍會持續下去。
老師加油～
不過希望你能長話短說～
哇哈哈哈
後記
今後也要繼續努力呀！
痛
拍
房東太太的本名
才園 芒（68歲）
其實房東太太以前是位學者，很高興看到有越多人對科學產生興趣。
第10話完

進階知識

Rank Up Information

太空探測器與萬有引力定律

所謂的太空探測器，指的是用來調查行星或是衛星等星體所發射出去的太空航行器。

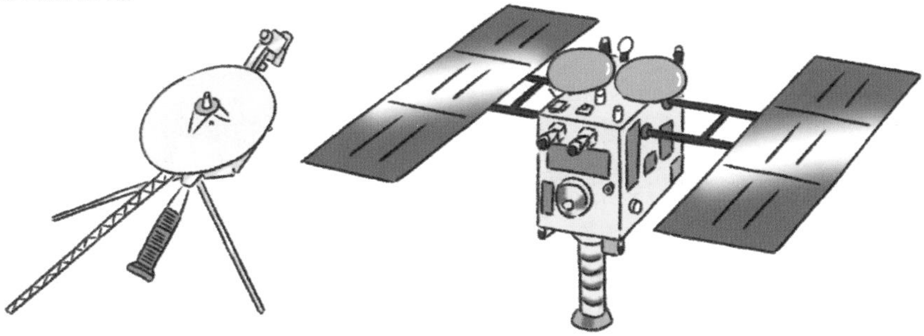

行星探測器「隼鳥1號」　　小行星探測器「隼鳥2號」

這兩種探測器會調整路線與速度以便節省燃料，其中有個名為「重力助推」的作法，原理就是運用萬有引力定律，透過行星的引力及公轉速度來借力使力。目前也被應用在許多探測器上。

例：加速時的重力助推

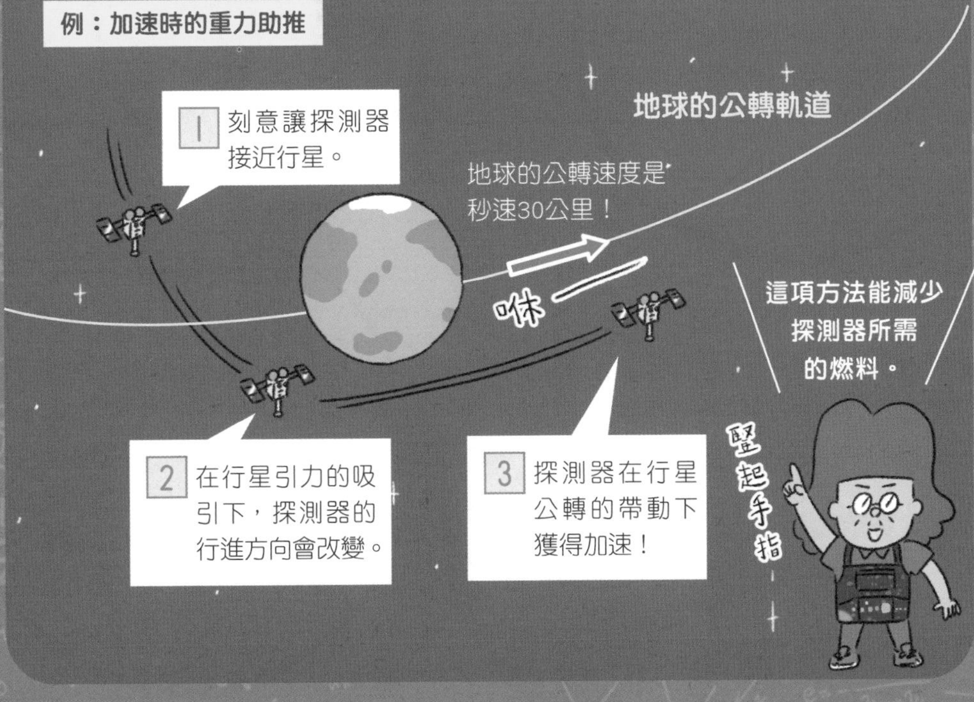
地球的公轉軌道
1 刻意讓探測器接近行星。
地球的公轉速度是秒速30公里！
咻
2 在行星引力的吸引下，探測器的行進方向會改變。
3 探測器在行星公轉的帶動下獲得加速！
這項方法能減少探測器所需的燃料。
豎起手指

主角 加賀楠樹的人生檔案

0歲
出生在有著熱愛閱讀的爸爸
以及擅長手工藝的媽媽的家庭中。
5歲
迷上勞作，
家中擺滿了他的作品。
10歲
在閱讀牛頓的傳記後，
開始對理科以及科學產生興趣。
18歲
懷抱著要成為偉大科學家
的夢想進入了理工大學。
開學典
27歲
大學與研究所畢業後，
留在大學以助教身分開始工作。
32歲
在大學校慶上對
科學玩具開了眼界。
就是這個！
驚豔
我還要玩
好好玩！

33歲

辭去大學的工作，拜木工師傅為師。
同時為了存夠開店的資金，晚上開始在補習班打工教書。

38歲

開始在金屬加工工廠打工。

41歲

開始在塑膠成型工廠打工。

44歲 終於夢想成真開了自己的店。

科學玩具店

牛牛頓頓的建築剖視圖

1樓是店面跟工作室，2樓則是加賀的私人生活空間。

2樓

放有加賀在大學工作時所收集的資料跟書。
壁櫥
壁櫥
餐桌
廁所
浴室
盥洗室
冰箱
書桌
櫃子
讀書用的書桌
放專業書籍和漫畫
通往1樓的樓梯
洗衣機

1樓

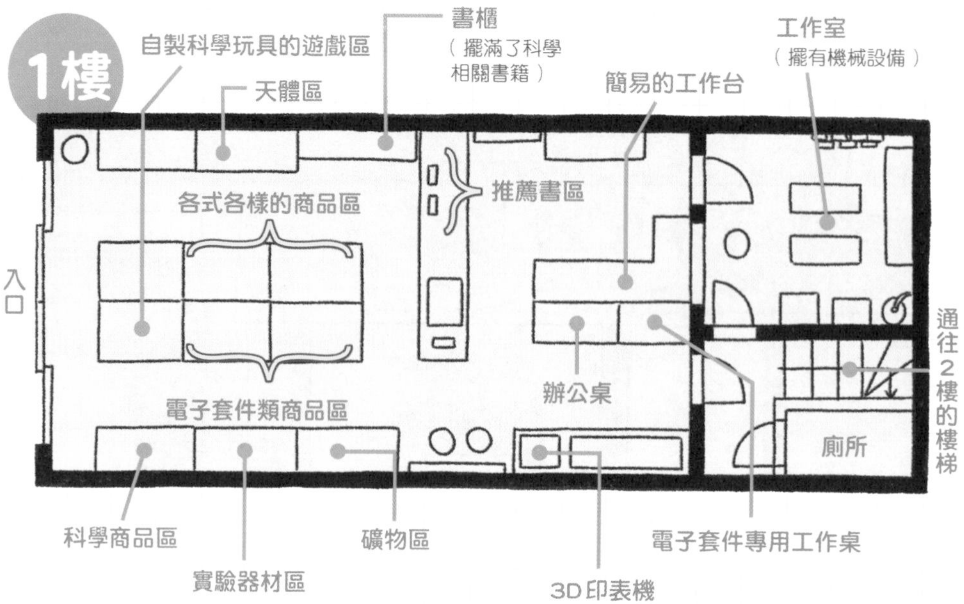
自製科學玩具的遊戲區
天體區
書櫃
（擺滿了科學相關書籍）
簡易的工作台
工作室
（擺有機械設備）
各式各樣的商品區
推薦書區
入口
辦公桌
通往2樓的樓梯
廁所
電子套件類商品區
科學商品區
實驗器材區
礦物區
3D印表機
電子套件專用工作桌

加賀楠樹的一天

時間	活動
0:00	睡覺
7:00	起床 洗臉刷牙、吃早餐
9:00	準備開店
10:00	服務客人、補貨
12:00	午餐、咖啡時間
13:00	服務客人、製作玩具
18:00	買菜
19:00	煮飯、吃晚餐
20:30	洗澡、刷牙
21:30	閱讀
23:00	上床睡覺

結語

感謝各位讀者閱讀這本書，我們是作者理科插畫家上谷夫婦（我們倆是真如其名以夫妻的身分一同工作喔）。

我們打從以前就一直想以「科學定律」為主題來寫書，所以對這本書的誕生感到非常開心。不過老實說，我們原本規畫是要做成像是圖鑑那樣，並在當中放入大量的定律解說，但卻發現這麼做會讓這本書顯得有點難。

其實我們希望不光是喜歡科學的小朋友，同時還有不擅長科學的小朋友，甚至是現在才開始要接觸科學的小朋友都能閱讀到這本書，也因此在眾多考量下，我們得出的結論是要做一本「利用科學定律來解決疑難雜症的漫畫」。

小朋友們在讀完這本書後，如果能產生「原來科學定律可以這樣運用」或是「科學定律其實還滿貼近生活的嘛」的想法，就是件最讓我們感到開心的事了。不過現實生活中應該很難發生，像漫畫情節一樣出現隕石墜落而必須去移動的情況就是了（笑）。

書中也介紹到好幾項富含科學原理的玩具。而說到科學玩具，最著名的就是水火箭，還有碰撞時會發出清脆聲響並擺動的金屬球（稱為「碰撞球」或「牛頓擺」）。另一方面，日本傳統的童玩「敲不倒翁[1]」跟「彈扁平彈珠[2]」也是不折不扣的科學玩具，這兩種玩具背後分別有「慣性定律」以及「動量守恆定律」在運作，所以說科學定律還真的是無所不在呢。

除了我們在這本書中所介紹到的內容以外，還有其他相當多的科學玩具以及科學定律。至於主角加賀楠樹今後會在商店街過上怎麼樣的生活，我們相當期待能在續集中，創作出更多和科學玩具跟科學定律有關的內容。

在構思書中玩具店內的工作室場景設定時，我們非常感謝Comomg公司提供關於製作玩具以及機械設備的知識。此外，也感謝審訂這本書的橫川老師、primary設計公司的員工，以及擔任編輯的最上谷小姐等人。

我們希望今後也能持續透過漫畫，將科學與化學等各種不可思議的樂趣傳遞給更多的讀者認識。

1可參閱第53頁介紹的內容。

2日本的傳統玩具，是呈現扁平狀的彈珠，玩法大致上是用自己的彈珠去將對方的彈珠給彈開，彈開的彈珠就屬於自己的，最後比較誰的彈珠最多。

二〇二二年六月

上谷夫婦

主要參考文獻

《改變世界的科學定律：與33位知名科學家一起玩實驗》川村康文著／世茂（2022）

《科學年表 平成29年》國立天文台（編輯）／丸善出版（2016）

《跟科學家一起認識構築世界的50個物理定律：發現契機×原理解說×應用實例》左卷健男著／台灣東販（2021）

《趣味物理研究所》左卷健男著／楓葉社文化（2021）

《定理與定律101從畢達哥拉斯、費馬、愛因斯坦到現代》（暫譯、臺灣未出版）白鳥敬著／學習研究社（2009）

《透過視覺理解的照片科學 物理圖鑑》（暫譯、臺灣未出版）數研出版編輯部（編輯）／數研出版（2016）

《日常的物理事典》（暫譯、臺灣未出版）近角聰信著／東京堂出版（1994）

《運動動作的科學——透過生物力學解讀》（暫譯、臺灣未出版）深代千之等著／東京大學出版會（2010）

《物理學辭典（三版）》（暫譯、臺灣未出版）物理學辭典編輯委員會（編輯）／培風館（2005）

《虹吸的科學史——350年來的錯誤歷史與理解》（暫譯、臺灣未出版）宮地祐司著／假說社（2012）

《遊樂園機制圖鑑——雲霄飛車不會掉下來的理由》（暫譯、臺灣未出版）八木一正著／日本實業出版社（1996）

《游泳科學——優化訓練與結果》（暫譯、臺灣未出版）G・約翰・穆倫（編輯）、黑輪篤嗣（翻譯）／河出書房新社（2018）

少年知識家

最有梗的科學法則
加賀君與他的科學定律小夥伴

作者｜上谷夫婦（うえたに夫婦）
繪者｜上谷夫婦（うえたに夫婦）
監修｜橫川淳
譯者｜李佳霖
審訂｜鄭志鵬

責任編輯｜詹嬿馨
特約編輯｜呂育修
封面設計｜陳宛昀
行銷企劃｜李佳樺

天下雜誌群創辦人｜殷允芃
董事長兼執行長｜何琦瑜
媒體暨產品事業群
總經理｜游玉雪
副總經理｜林彥傑
總編輯｜林欣靜
行銷總監｜林育菁
主編｜楊琇珊
版權主任｜何晨瑋、黃微真

出版者｜親子天下股份有限公司
地址｜台北市104建國北路一段96號4樓
電話｜（02）2509-2800　傳真｜（02）2509-2462
網址｜www.parenting.com.tw
讀者服務專線｜（02）2662-0332　週一～週五：09:00~17:30
傳真｜（02）2662-6048　客服信箱｜parenting@cw.com.tw
法律顧問｜台英國際商務法律事務所・羅明通律師
製版印刷｜中原造像股份有限公司
總經銷｜大和圖書有限公司　電話：（02）8990-2588

出版日期｜2023年9月第一版第一次印行
　　　　　2024年8月第一版第二次印行
定價｜380元
書號｜BKKKC251P
ISBN｜978-626-305-550-6（平裝）

訂購服務
親子天下Shopping｜shopping.parenting.com.tw
海外・大量訂購｜parenting@cw.com.tw
書香花園｜台北市建國北路二段6巷11號　電話（02）2506-1635
劃撥帳號｜50331356　親子天下股份有限公司

立即購買＞

有聲故事書

國家圖書館出版品預行編目資料

最有梗的科學法則：加賀君與他的科學定律小夥伴／上谷夫婦作.繪；李佳霖譯. -- 第一版. -- 臺北市：親子天下股份有限公司，2023.09
136面；17x23公分
ISBN 978-626-305-550-6（平裝）
1.CST: 科學 2.CST: 通俗作品

307.9　　112012115

MANGA DE TANOSHIMU! KAGAKU NO HOSOKU
written by Uetanihuhu, supervised by Jun Yokogawa

Original Japanese edition published by Gijutsu-Hyoron Co., Ltd., Tokyo
This Complex Chinese edition published by arrangement with Gijutsu-Hyoron Co., Ltd., Tokyo in care of Tuttle-Mori Agency, Inc., Tokyo, through AMANN CO., LTD., Taipei.